속눈썹 연장 백과

속눈썹관리사를 위한

구민사

김문경(KIM MUN KYUNG)

현) 서울문화예술대학교 토탈뷰티학과 외래교수
고운래쉬&눈썹 대표원장

전) 경민대학교 뷰티케어학과 겸임교수
한국속눈썹협회 수석부회장

김민정(KIM MIN JUNG)

현) 바이민BYMIN 대표

전) 한국속눈썹협회 분당 지회장

특허 제 10-1981611호 '횡방향 테이핑을 활용한 아이래쉬 미용 방법' 기술특허 등록

ISO/IEC 17024 국제표준 속눈썹연장 아티스트 지도자자격 취득

저서 : 누구나 그림으로 쉽게 이해하는 속눈썹연장 가이드북

노미숙(NOH MI SUK)

현) 바란스뷰티 대표
ISO/IEC 17024 속눈썹, 반영구, SMP훈련기관

전) 한국속눈썹협회 회장
서정대학교, 정화예술대학교, 한서대학교 등 속눈썹 외래교수
중국, 미국, 말레이시아, 싱가포르, 대만 등 속눈썹 초청교육

이은영(LEE EUN YOUNG)

현) 신데렐라눈썹, 뷰포인트(일산) 대표원장

전) 한국속눈썹협회 국제강사 및 심사위원

미국 주정부 NIC미용라이센스 취득
ISO/IEC 17024 국제표준 속눈썹연장 아티스트 지도자자격 취득
제1회 달인콘테스트 장관상 수상

이채은(LEE CHAE EUN)

현) 엘뷰티앤래쉬 대표원장

전) 한국속눈썹협회 남양주 지회장

2012 서울국제미용건강올림픽 페이스메이크업부문 대상 및
국회의원상 수상
ISO/IEC 17024 국제표준 속눈썹연장 아티스트 지도자자격 취득

홍은서(HONG EUN SEO)

현) 내눈에꽃 대표원장

전) 한국속눈썹협회 총무 및 강남 지회장

다수 미용기능경기대회 속눈썹부문 심사위원

2017 제11회 한국미용기능경기대회 속눈썹부문 서울시장상 수상

ISO/IEC 17024 국제표준 속눈썹연장 아티스트 지도자자격 취득

속눈썹 연장 백과

초 판 인 쇄 | 2024년 4월 10일
초 판 발 행 | 2024년 4월 20일

저 자 | 김문경·김민정 ·노미숙·이은영·이채은·홍은서
발 행 인 | 조규백
발 행 처 | 도서출판 구민사
(07293) 서울시 영등포구 문래북로 116, 604호(문래동 3가 46, 트리플렉스)
전 화 | (02) 701-7421
팩 스 | (02) 3273-9642
홈 페 이 지 | www.kuhminsa.co.kr

신 고 번 호 | 제 2012-000055호(1980년 2월 4일)
I S B N | 979-11-6875-378-5 (93590)
정 가 | 29,000원

Preface

속눈썹 미용은 뷰티 산업에서 중요한 위치를 차지하고 있으며, 점점 다양한 기술과 제품이 개발되고 있습니다. 미래에는 속눈썹 미용 기술의 혁신과 소비자들의 수요가 더욱 증가할 것으로 예상됩니다. 이에 따라 속눈썹 관련 제품과 서비스의 다양성과 품질은 더욱 높아지고 있으므로 이런 발전에 발맞추어 속눈썹아티스트들 역시 실력을 갖추어야 할 것입니다.

이 책은 속눈썹 연장에 관한 기술 교재로, 6명의 교육자와 현장 전문가들의 노하우를 바탕으로 구성되었습니다. 속눈썹의 기초부터 미래를 위한 창작과 주의할 점 등을 다루며, 발전하는 기술에 대비하여 독자들에게 필요한 정보를 전달하고자 하였습니다.

특히 속눈썹 연장을 전문으로 하는 사람들을 대상으로 하며, 속눈썹에 대한 지식과 기술을 향상시켜 전문가로 성장하는 데 도움을 줄 것입니다. 현장 경험과 연구를 바탕으로 작성된 이 책은 실사진과 함께 시각적으로 안내되어 있어 실제 경험과 차이 없이 학습할 수 있습니다.

또한 고객 상담 및 의사소통 기술을 향상시켜 고객의 요구를 이해하고 원하는 결과를 얻는 데 도움을 줄 것입니다. 저자들은 속눈썹 연장의 기초부터 위생과 건강에 이르기까지 다양한 주제를 다루었습니다. 또한 속눈썹 미용의 역사를 기록하고, 다양한 스킬업 기술을 소개하였습니다.

단순히 속눈썹 연장에 관한 정보를 제공하는 것을 넘어서, 여러분이 속눈썹을 올바르게 관리하고 건강하게 유지하는 데 도움이 되도록 지침과 조언을 담았습니다. 단순히 외모적인 변화를 추구하는 것이 아니라, 건강한 습관을 통해 아름다움을 지속적으로 유지하는 것이 중요하다고 생각합니다.

그동안 속눈썹 연장은 미용 분야에서 중요한 기술이지만, 그에 대한 충분한 교재가 부족한 현실에 대해 저자들은 안타까운 마음을 가지고 있었습니다. 저자들은 속눈썹을 통해 선상한 아름다움과 자신감을 표현하고자 하는 욕구를 이 책을 통해 표현할 수 있기를 희망합니다. 이 책이 속눈썹 미용을 접하는 모든 이들에게 도움이 되길 바라며, 속눈썹 미용이 더 발전하는 미래를 기대합니다.

끝으로 이 책을 출간하는데 저자들과 밤낮으로 함께 회의하며 책 내용과 사진 제작 및 편집에 물심양면으로 도움을 주신 팽지현 디자이너님과 책이 잘 나올 수 있도록 도움 주신 (구)한국속눈썹협회 임원들, 속눈썹 사진을 위해 모델로 임해주신 고객분들과 도서출판 구민사 조규백 대표님, 나영균 전무님께 깊은 감사를 드립니다.

저자 일동

Contents

PART 1 일반과정

PART 2 심화과정

Chapter 1. 속눈썹 관리사 심화과정

Chapter 2. 속눈썹 연장 디자인

Chapter 3. 눈매별 속눈썹 디자인

Chapter 4. 컬 레이어드

Chapter 5. 증모술

Chapter 6. 특수 속눈썹 연장

Chapter 7. 언더래쉬

Chapter 8. 속눈썹 펌

PART

일반과정

1장 속눈썹 미용　2장 사람의 눈　3장 속눈썹과 가속눈썹　4장 시술재료 사용법

5장 속눈썹 연장　6장 리터치와 제거방법　7장 속눈썹 연장의 부작용 사례

8장 속눈썹 연장의 장단점과 주의사항

CHAPTER

1

Eyelash Care

속눈썹 미용

학습목표

속눈썹연장의 역사를 이해하고 속눈썹 연장술의 개념에 대해 학습한다.

1. 속눈썹 연장의 역사

1) 속눈썹 연장술의 개념

사람의 속눈썹에 인조 가모를 붙여 길이가 길어 보이게 하는 미용 기법 중에 하나로 한 가닥의 속눈썹에 하나의 가속눈썹을 붙여 길게 연장하는 방법이다. 속눈썹의 상태와 눈의 형태에 따라 가속눈썹의 길이, 굵기, 컬을 디자인하여 눈매를 더 아름답게 보이게 시술한다.

가속눈썹 연장술은 매우 섬세한 기술이므로 정확한 시술 방법이 요구된다. 숙련된 속눈썹 아티스트에게 시술받는 것이 안전하고 아름다운 시술을 받을 수 있다.

2) 일회용 인조 속눈썹의 발명

1902년 영국에서 인조 속눈썹이 만들어졌다. Karl Nessler가 인조 속눈썹과 눈썹을 제작하는 특허를 취득하여 런던에서 인조 속눈썹을 판매하기 시작했고, 1911년 미국에서도 Canadian Anna Taylor에 의해 인조 속눈썹이 판매되었다.

대중에게 인조 속눈썹이 알려지기 시작된 것은 1916년 영화감독 DwGriffith이 여배우 Seena Owen에게 속눈썹 분장을 요구하고, 미세한 거즈+머리카락의 소재로 분장을 하여 영화를 찍은 것을 계기로 대중에게 알려졌다고 한다. 1971년 Mabel Williams이 기존 인조 속눈썹에 석유와 오일을 더해 광택이 나는 속눈썹을 출시하여 10년간 인조 속눈썹 시장을 독점했다고 한다.

3) 시대별 메이크업의 특징과 문화적 배경

(1) 1990년대

다양한 인종의 개성을 고유의 아름다움으로 인정하고 부각시키기 시작하면서 1990년대 중반에는 다시 두껍고 화려한 화장이 유행하였고, 1990년대 이후로 세기말에 대한 두려움과 미래에 대한 동경과 두려움이 메이크업에도 반영되어 펄과 반짝이를 이용한 사이버 분위기의 메이크업과 검게 강조한 눈화장을 특징으로 한 스모키메이크업이 유행하였다.

특정한 스타일이나 하나의 표현 형태를 두드러지게 강조되던 것에서 벗어나 과거로부터 모든 스타일을 자유롭게 융합하거나 받아들여 표현하는 것이 특징이 되었다. 개인의 독창성이나 개성이 중요시되어 각자의 개성 표현에 중점을 두기 시작하였고, 이에 따라 메이크업과 헤어스타일이 다양하게 표현됐다.

(2) 2000년대

새로운 세기를 맞이하면서 웰빙 열풍이 돌았고 화학성분의 화장품보다는 식물성 화장품이 선호되면서 자연스럽게 두껍고 진한 컬러 메이크업보다는 피부 건강과 자연스러움이 치중되었다.
전 시대의 영향을 받은 소프트 스모키 메이크업도 유행에 함께 했으나 점차 촉촉한 피부 표현이 돋보이는 내추럴 메이크업이 대세가 되었으며, 투명한 메이크업이나 로맨틱한 분위기, 물광 메이크업이 주류를 이었고, 건강해 보이도록 태닝을 한듯한 피부 표현도 유행하였다.

(3) 한올 속눈썹연장 시술의 등장 (1997년)

현재 속눈썹연장의 시초인 한올 속눈썹연장 시술은 1997년대 11월쯤 당시 한국 안동에서 헤어샵을 운영하던 팽동환, 노미숙 으로부터 최초 개발되었다.
당시에는 웨딩 메이크업을 헤어샵에서 받았었는데, 웨딩메이크업을 받았던 고객이 신혼여행후 인조속눈썹이 빠진 부분을 보수해달라는 요청을 시작으로 좀 더 풍성하고 오래가게 할 수 있는 방법을 거듭 연구하게 되며 시작되었다.
초창기에는 헤어샵에서 잘려나온 머리카락을 필요한 길이에 맞게 짧게 잘라 붙이기 시작했고, 이후로는 6가닥씩 묶여있는 일회용 인조 속눈썹을 한가닥씩 잘라 붙였다.
초창기에는 J컬 밖에 없었고, 굵기도 0.15mm 만 있었으며, 길이는 8-13mm 까지 모두 사용했다.
당시 일회용속눈썹용 글루보다 유지력이 좀 더 긴 일본에서 수입해서 사용하던 투명글루를 사용하여 붙였는데, 초창기 디자인은 눈 한 쪽에 한 가닥씩 35개 기준으로 붙여졌고, 점차적으로 기술이 발전하여 지금의 속눈썹 연장 시술이 되었다.
초창기에는 '심는 속눈썹'이라고 불렸으며, 1회 시술가가 약 50만원 이상 호가했다.

(4) 2000년대 ~ 2010년대의 속눈썹연장

초창기 속눈썹연장은 벌크형 가속눈썹을 사용하였는데, 길이와 컬을 섞어 붙이기가 번거롭고 단가가 비싸 공급과 수요 모두 많지 않았다.
2000년대 중후반 테이프형 속눈썹이 출시되면서 테이프형의 편리성에 벌크형은 점차 자취를 감추게 되었고, 테이프형이 대중화되면서 그 결과 시술자도 점차 많아졌고, 단가 역시 낮아지기 시작하면서 일반인들에게도 속눈썹연장이 대중화되기 시작했다.

(5) 2010년대 ~ 2020년대의 속눈썹 연장

2010년대에는 가속눈썹의 재질과 종류가 가장 많이 발전한 시기이다.
그 당시 기본적으로 많이 사용되던 J컬과 C컬에서 JC컬과 CC컬에 이어 D컬, L컬, L+컬, U컬 등 다양한 컬 종류의 가속눈썹이 생산되었다. 굵기 또한 0.15t에서 0.20t, 0.10t, 0.12t, 0.18t 등 다양하게 생산되었다.
현재 시중에서 가장 많이 사용하고 있는 플랫래쉬(납작모)와 컬러래쉬, 스톤래쉬, 글리터래쉬, Y래쉬, W래쉬 등 가장 많은 종류의 가속눈썹이 실험적으로 생산되고 개발되었던 시기이며, 2010년대 초중반에는 얇은 래쉬를 여러 가닥 펼쳐서 숱이 많아 보이는 증모 시술인 러시안볼륨 기법이 개발되고 대중화되면서 4D, 5D의 프리메이드팬(Pre-made FAN) 가속눈썹도 생산되었다.

(6) 2020년대 현대의 속눈썹 연장

현대 시대에는 속눈썹 연장의 재료와 기술이 다양해지면서 2020년대 초반, 포인트연장과 LED젤 속눈썹 연장이 등장했다.
0.30mm 이상의 굵고 긴 가속눈썹을 이용해 포인트를 주는 '포인트연장'과 속눈썹펌의 영향을 받아 연장후에 픽서로 속눈썹펌 한 것처럼 디자인을 잡는 '마스카라연장', LED램프(자외선 또는 가시광선이 나오는 램프)와 특수접착제(젤글루)를 이용한 'LED젤 속눈썹연장'이 성행하고 있다.
LED 속눈썹연장의 경우, 미용접착제로 관리 받을때 단점인 눈 시림과 알러지 반응 등의 불편한 점이 보완되고 일상생활의 편리함과 유지력이 좋아진 시술로 업계에서 많은 관심을 가지고 빠르게 활성화되고 있다.

CHAPTER

2

사람의 눈

학습목표

속눈썹 관리사는 시술 할 부위와 기관에 대한 기본적인 지식을 기반으로 피시술자(고객)에게 상담과 시술을 진행해야 하며 눈의 상태에 따라 시술이 가능한지 여부를 판단해야 한다.
눈의 구조와 기능부터 시술이 불가능한 여러가지 질병과 모발의 성장주기까지 속눈썹 관리사 시술시 판단력을 기르기 위한 기초이론을 학습한다.

1. 눈

1) 눈의 구조와 기능

눈은 인체의 오감 중 시각을 담당하며 빛을 받아들여 뇌에 시각을 전달하는 빛의 감각 기관이다. 빛의 강약 및 파장을 감지하는 기관으로, 명암을 감지하는 것에서부터 빛의 방향을 알아내는 것 그리고 물체의 상을 인지할 수 있는 것까지 3단계가 있다.

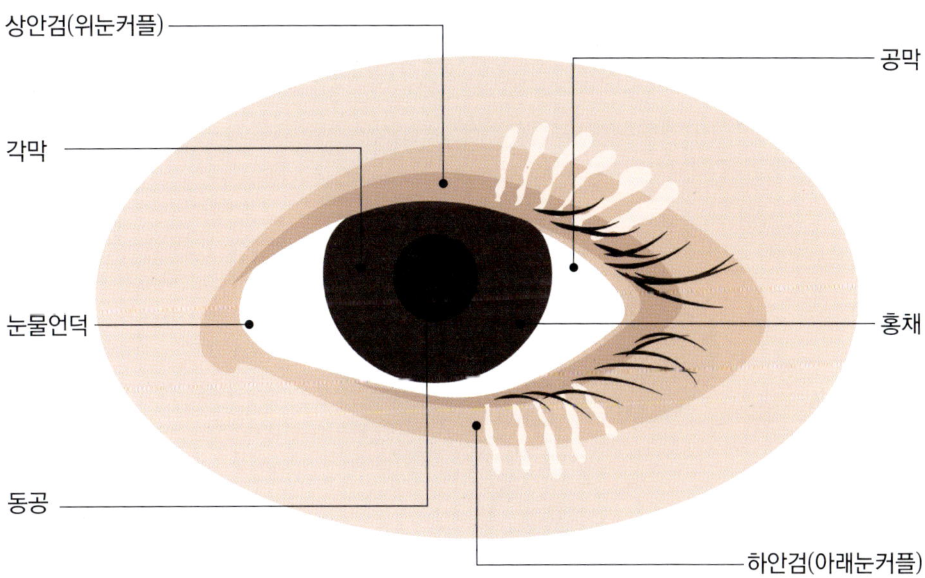

2) 눈물

눈물은 체액의 한 종류로, 눈을 보호하고 청결을 유지하기 위해 눈물샘에서 분비되는 물질이다. 눈물은 각막이나 결막 표면을 적시고 이물을 씻어내는 역할을 하며, 결막의 건조를 막을 정도로 끊임없이 분비되고 눈의 깜박임에 의해 전면으로 공급된다.

(1) 눈물의 성분

정상 상태에서 눈물은 약 7~10㎛(마이크로미터) 두께의 얇은 층으로 각막과 결막을 덮고 있다. 눈물막은 크게 3층으로 나눌 수 있는데, 표면의 지방층(lippid layer), 중간의 수성층(aqueous layer), 가장 안쪽의 점액층(mucous layer)으로 이루어져 있다. 평균 1일 분비량은 1~1.2mℓ이고 수면 중에는 분비되지 않으며, 여성이 남성보다 많다.

(2) 눈물의 배출경로

눈물은 눈꼬리에 가까운 윗눈꺼풀 뒤에 있는 눈물샘이나 그 부근에 머물고 있는 부근에서 결막낭 안으로 분비되어 내안각의 누호에 모였다가 누점, 누소관, 누낭, 비루관을 거쳐 비강으로 배출된다.

· 눈물 분비기관 ·

1) 안구의 구조

(1) 안구란?

눈의 내부에 있는 둥근 구조물을 말하며, 시각 정보를 수집하고 뇌로 전달하는 기능을 한다. 안쪽에는 소켓으로 싸여 있고 바깥쪽으로는 눈꺼풀로 덮여 있는 형태이다. 세 겹의 막으로 안구의 둥근 모양이 유지되고, 안구 주변 근육과 함께 상하좌우 방향으로 움직인다. 각막이 외부의 빛을 받아들이고 홍채와 모양체의 작용으로 안구 내로 들어오는 빛을 조절한다.

(2) 안구의 구조

안구는 구형으로 각막의 중앙을 전극이라 하고, 공막 후면의 중앙을 후극이라 하며, 이 양극을 잇는 가상의 선을 시각축(안축)이라고 한다. 시각축의 길이는 평균 24mm, 폭은 23.6mm, 높이는 23.3mm이며, 안구의 부피는 약 6.5ml이다. 각막은 안구 섬유층의 투명한 무혈관 조직으로 안구의 앞 1/6을 덮고 있다. 외부의 자극으로부터 눈을 보호하는 방어막 역할을 하며, 빛을 통과, 굴절시켜 망막에 도달할 수 있도록 하는 역할을 한다. 공막은 안구의 뒤 5/6을 덮고 있는 섬유조직으로 바깥눈 근육(외안근)이 부착하는 부위이다.

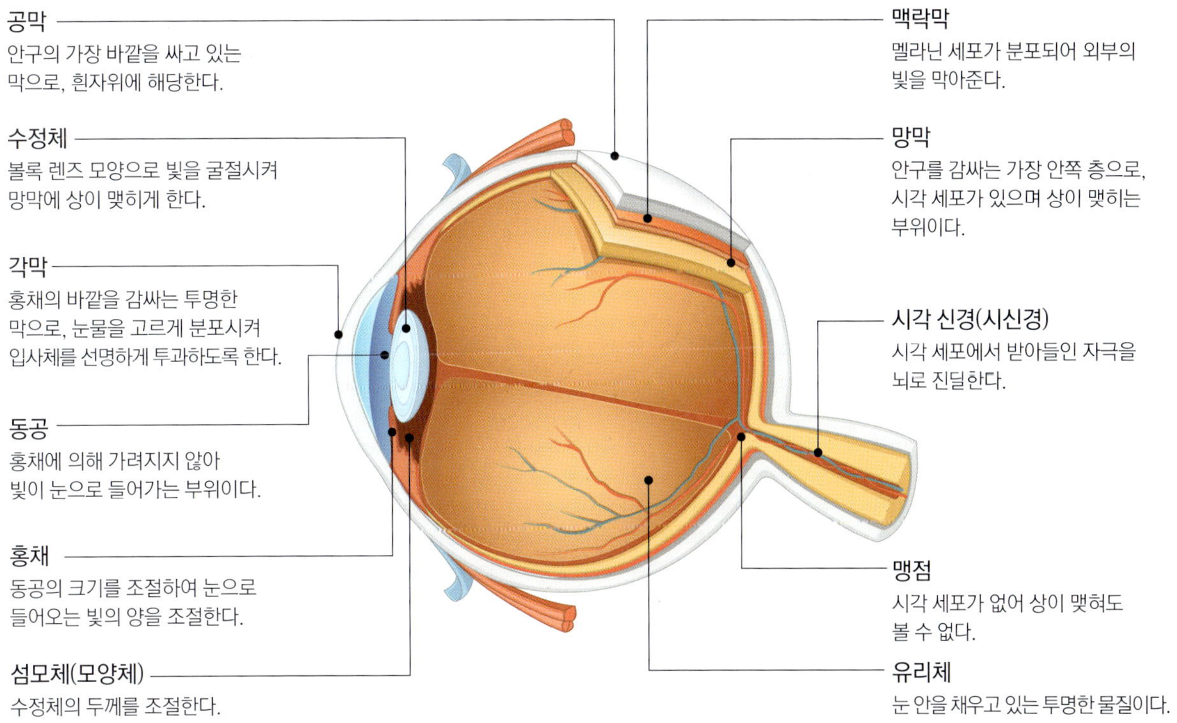

· 안구의 단면 ·

2) 안구 주변의 근골격

(1) 근육

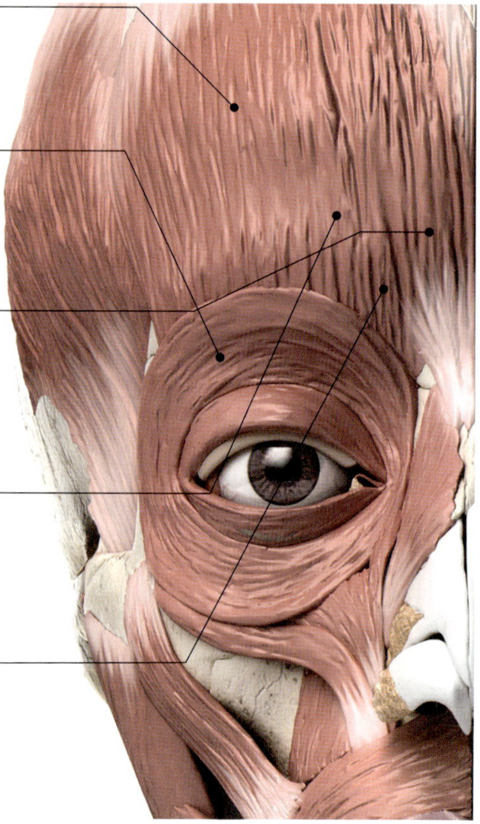

이마근

머리 건막에서 시작되어 눈썹과 이마 피부로 들어가는 얇고 넓은 근육이다.

눈둘레근(안륜근)

안와 주변 뼈와 내측 안검대에서 시작되어 눈 주변부 피부로 들어가는 근육으로 눈을 감을 때 사용하는 주요 근육이다.

눈살근(비근근)

코뼈 및 연골에서 시작되어 눈썹 사이 이마 피부에 들어가는 근육으로 눈썹을 아래로 내리는 기능을 한다. 찡그린 표정을 짓는 근육이다.

눈썹 주름근(추미근)

이마근 아래에 위치한다. 눈썹을 중심 쪽으로 모아 미간에 주름을 만드는 근육이며 4개의 내림근 중에서 가장 깊은 곳에 위치하고 있다.

눈썹 내림근(미모하체근)

이마근과 눈살근 아래에 위치한다. 눈썹 주름근과 평행을 이루며 덮고 있는 근육으로 근육 운동 시 눈썹을 코 쪽으로 당기는 기능을 한다.

(2) 안와

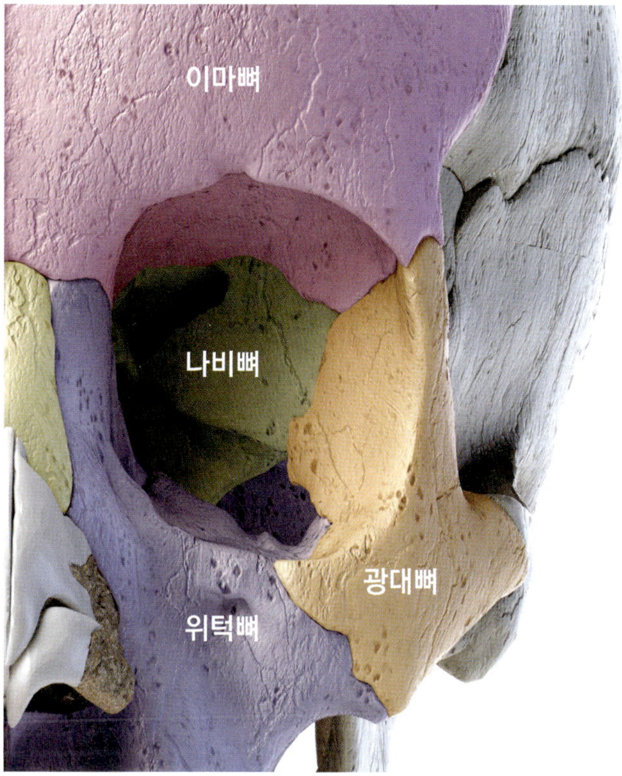

· 눈확의 구조 ·

안와(눈확)

안와(눈확)란 안구를 감싸고 있는 뼈를 말한다. 얼굴머리뼈에 피라미드 꼴로 움푹 파여 있으며, 7개의 뼈가 이어져 형성된다. 안구, 안구근육, 신경, 눈물기관, 혈관이 위치하며, 이외 눈확의 빈 공간은 눈확지방체가 메우고 있다.

안와의 기능

안구와 기타 내용물을 보호하고, 감염이나 출혈이 다른 곳으로 퍼지지 않도록 제한하는 역할을 한다.

3) 안구의 질환

안구의 일부분은 노출되어 있어 외부 자극에도 쉽게 영향을 받을 수 있으며, 개인위생과 건강 상태에 따라서 눈 질환이 발생할 수 있다. 눈 질환은 전염선과 비전염성이 있으며, 속눈썹 시술이 가능한 질환과 불가능한 질환을 분류할 수 있다.

(1) 시술이 가능한 질환

① 백내장

증상	시야 흐려짐, 시력저하, 물체 겹침현상, 눈부심
원인	- 눈 속의 수정체가 노화나 어떤 원인에 의해 뿌옇게 혼탁해지는 질환 - 노화 및 유전적 요인

② 녹내장

증상	시야결손, 두통, 빛번짐, 안구통증
원인	- 노화 또는 눈으로 받아들인 빛을 뇌로 전달하는 시신경에 이상이 생김에 따라 시야결손이 나타나는 질환

③ 안구건조증

증상	눈시림, 이물감, 건조함, 충혈, 피로감
원인	- 장기적인 렌즈 착용, 장시간 핸드폰 및 컴퓨터 사용, 비타민A 부족 시, 수면 부족, 자연스러운 노화현상 등 다양함

④ 안검하수

증상	윗눈커풀이 아래로 처져 눈꺼풀 틈새가 작아진 상태 시력저하, 피로감, 두통
원인	- 윗눈꺼풀을 뜨거나 감을 때 사용하는 올림근, 상안검 등의 힘이 약해져 발생하는 질환

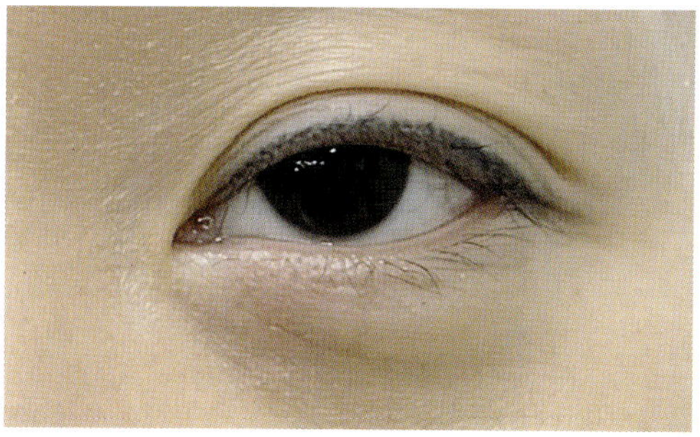

· 안검하수 ·

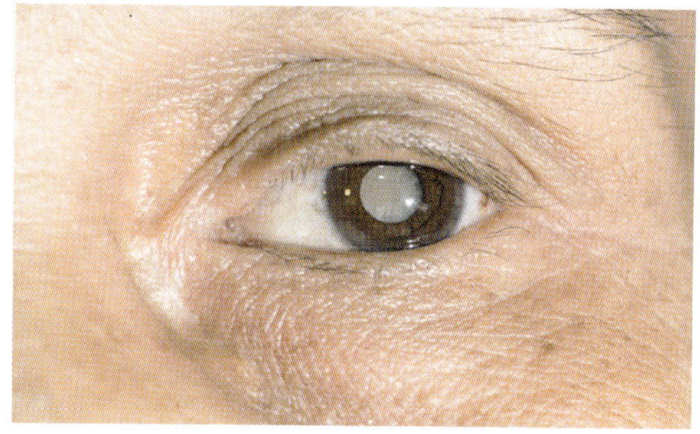

· 백내장 ·

(2) 시술이 가능하나 관리가 필요한 질환

해당 질환의 경우 시술이 가능하나, 시술 후 시술자는 시술 부위 관리를 위한 적절한 안내가 요구되며, 고객은 2-3일 경과 후 이상반응이 생길 경우 전문의와 상담을 진행해야 한다.

① 알레르기

증상	가려움, 눈물, 부어오름, 충혈, 안구 이물감, 눈시림
원인	- 유전적 영향, 면역력 저하, 환경이나 음식 또는 금속에 의한 영향, 비염 및 꽃가루 등의 영향 등

② 마이봄샘염

증상	안구건조, 가려움증 유발, 안구 이물감, 황백색의 분비물
원인	- 마이봄샘(기름샘)이 노폐물과 세균에 막혀 배출되지 못해 염증이 생기는 질환 - 만성염증으로 원인은 다양하며 악화될 경우 결막염 등 다른 안구질환이 발생할 수 있다.

③ 지루눈꺼풀

증상	가려움, 각질
원인	- 눈꺼풀 테 피부와 속눈썹에 비듬이 붙어있다. - 지루성 피부염과 관련되어 생기며 머리, 눈썹, 바깥귀에 지루 피부염이 있는 경우가 많다.

☑ 마이봄샘염, 지루눈꺼풀염 등의 치료방법 및 사후관리

마이봄샘에 기능장애가 발생하지 않기 위해서는 무엇보다 평소 청결한 눈꺼풀 관리가 중요하다. 눈가 주변의 온찜질이 효과적이며, 온찜질 후에는 눈꺼풀 전용 세정제로 눈꺼풀을 깨끗이 닦아주는 것이 마이봄샘 기능장애 예방에 도움이 된다.

(3) 시술이 불가능한 질환

전염성이 강한 안구 질환이나 접촉이 불가피한 부위의 염증 혹은 질환이 있는 경우 관리사와 고객의 안전을 위해 시술 진행이 어려움을 알리고 안내사항을 충분히 전달해야 한다.

① 결막염

증상	통증, 이물감, 눈곱, 가려움, 충혈, 결막부족
원인	- 감염성 결막염은 세균, 바이러스, 곰팡이균 등 병원균에 의해 발생 - 비감염성 결막염은 외부 물질에 대한 알레르기 반응으로 발생

② 미용접착제 알레르기

증상	가려움증, 눈물, 부어오름, 충혈, 안구이물감, 눈시림 등
원인	- 미용접착제 알레르기, 유전적 영향, 면역력 저하, 환경이나 음식 또는 금속에 의한 영향, 비염 및 꽃가루 등의 영향 등

③ 눈 다래끼

증상	세균 감염, 모근의 염증, 부어오름, 통증 등
원인	- 장기적인 렌즈 착용, 장시간 핸드폰 및 컴퓨터 사용, 비타민A 부족시, 수면부족, 자연스러운 노화현상 등 다양함

④ 각막의 찰과상

증상	안구통증, 안구시림, 충혈 등
원인	- 콘텍트랜즈, 손, 먼지, 모래 등 안구에 직접적인 접촉으로 인하여 생긴 찰과상

⑤ 포도막염

증상	시력 저하, 실명, 각막 또는 수정체 손상, 비문증, 눈부심 등
원인	– 자가 면역성 질환 – 눈을 덮고 있는 포도막 조직에 염증이 생기는 질환

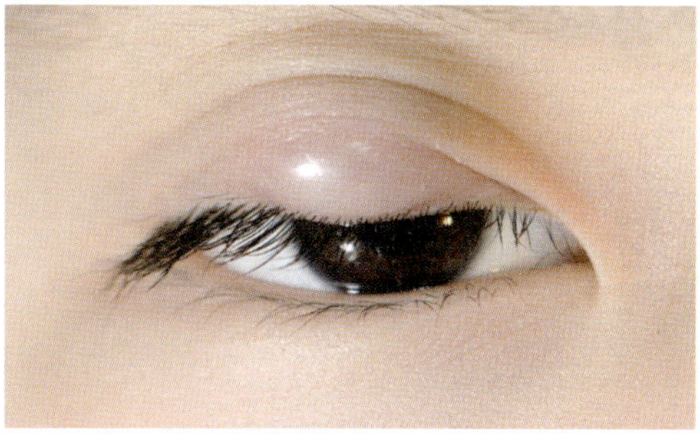

· 눈 다래끼 ·

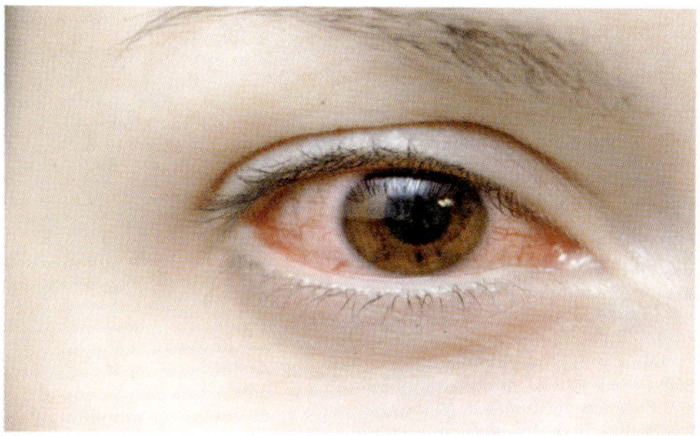

· 각막의 찰과상 ·

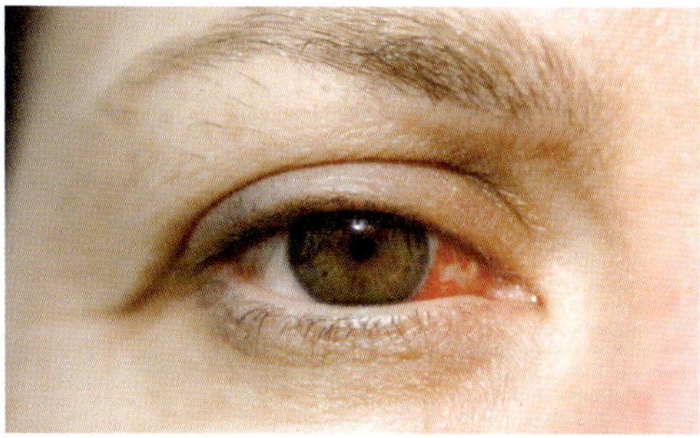

· 안구건조증 ·

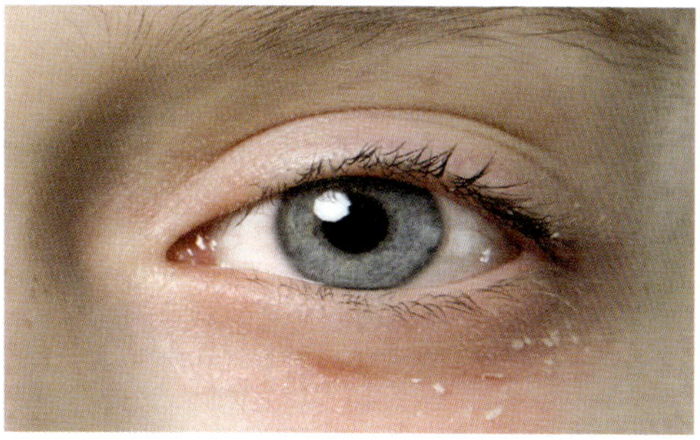

· 알레르기 ·

3. 모발의 구조

1) 모발의 구조

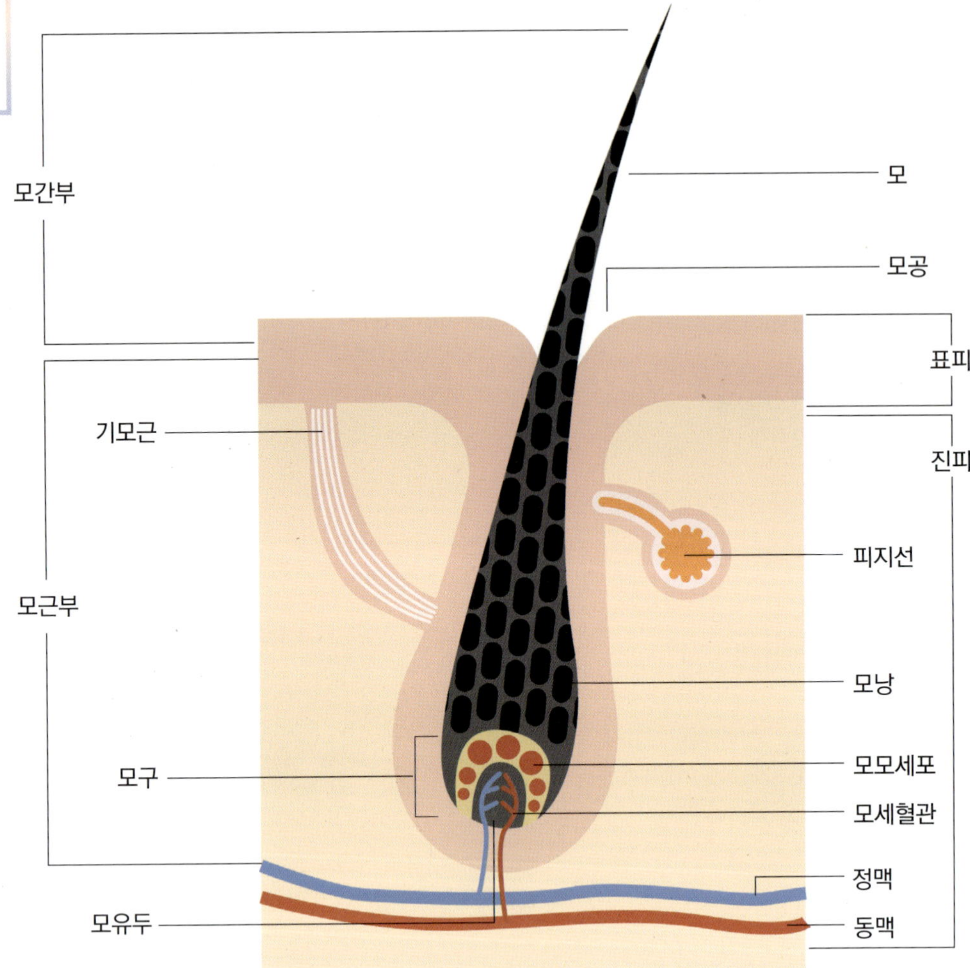

· 모발의 구조 ·

속눈썹은 피부 안쪽의 모근부와 피부 바깥쪽의 모간부로 나누어 설명할 수 있다.

피부 안쪽의 모근부는 모낭, 모구, 모유두, 모모세포, 피지선, 입모근 등으로 구성되고 모발은 모유두 부분과 맞닿아 있는 모세혈관의 혈액을 통해 산소와 영양분(단백질, 미네랄 등)을 공급받으며, 모모세포가 끊임없이 분열하고 성장하면서 피부 바깥으로 각화되어 자라나온는 부분을 모간부라고 한다.

2) 모발의 성장주기

모발은 부위별 성장이 다르며 각기 다른 성장 주기를 갖는다.
성, 연령, 계절, 건강 상태, 영양상태, 내분비 상태, 질환, 환경에 따라 달라질 수 있으며, '발생기-성장기-퇴행기-휴지기'를 반복하지만 각 모낭은 독립적으로 활동하기 때문에 동물과 같이 일시에 탈모하지 않는다.

- 여성이 남성보다 성장기 모의 비율과 성장능력이 높다.
- 하루 중 낮보다 밤에 더 자라며 가을·겨울보다 봄·여름에 성장이 빠르다.
- 모발 세포의 개체 수는 유전적이나 후천적으로 영양상태와 환경적 영향을 받는다.
- 일정한 주기와 독립적인 주기의 특징으로 모발은 항상 그 수를 일정하게 유지할 수 있다.

부위별 모발 성장주기

머리카락	남성 3~5년 여성 4~6년
눈썹	4~5개월
속눈썹	3~4개월
수염	2~3년
겨드랑이	1~2년
음모	1~2년

속눈썹과 가속눈썹

CHAPTER

3

Eyelash Care

학습목표

속눈썹 관리사는 시술 할 부위와 기관에 대한 기본적인 지식을 기반으로 피시술자(고객)에게 상담과 시술을 진행해야 하며 눈의 상태에 따라 시술이 가능한지 여부를 판단해야 한다.
눈의 구조와 기능부터 시술이 불가능한 여러가지 질병과 모발의 성장주기까지 속눈썹 관리사 시술시 판단력을 기르기 위한 기초이론을 학습한다.

1. 속눈썹

1) 속눈썹의 기능

속눈썹의 기능은 본질적으로 눈을 보호하는 기능과 배출, 장식 등의 기능이 있다. 속눈썹은 눈에 이물질이 들어가는 것을 막는 역할을 하며, 속눈썹은 지각에 예민해 작은 먼지가 닿기만 해도 눈을 감아 눈을 보호한다. 위 속눈썹이 아래 속눈썹보다 길고 촘촘하다.

(1) 보호의 기능

땀, 먼지, 세균 등 침입을 막아주는 보호 기능, 외부의 물리적 충격으로부터 완충작용을 하고, 추위나 일광 자외선과 눈이나 비 등의 자연환경으로부터의 보호 기능을 한다.

(2) 배출의 기능

눈에 들어오는 먼지와 이물질 등을 체외로 배출해 주는 기능을 한다.

(3) 장식의 기능

속눈썹은 눈을 더 아름답고 돋보이게 하는 장식의 기능을 한다.
각각의 개성과 눈매를 아름답게 나타내기 위해 눈 화장을 하거나 인조 속눈썹을 이용해 속눈썹의 길이와 굵기, 색상에 변화를 주기도 한다.

2) 속눈썹의 형태

(1) 형태 진단 시 주의할 점

사람의 속눈썹의 형태는 눈을 감은 정면의 모습과 눈을 뜬 측면의 형태로 나뉠 수 있다.
눈을 뜨는 근육의 움직임에 따라 속눈썹의 모양이나 형태에 변화가 생긴다. 속눈썹의 형태를 파악하려 할 때는 눈 감은 정면의 형태와 눈을 뜬 상태에서 측면의 형태를 보고 진단해야 한다.

① 속눈썹의 수와 층

속눈썹은 윗눈꺼풀에서 평균 100~150개 정도, 아래 눈꺼풀에서 70~80개 정도 군생한다. 자랄 때 3개 이상의 층으로 나뉘어 자라며 사람마다 차이가 있고 모 수는 남자가 여자보다 많으며 평균 굵기는 0.05~0.10으로 독립적인 형태로 자란다.
속눈썹의 개수는 일정한 수를 유지하며 눈의 크기와도 비례하기 때문에 개인차가 크고, 같은 개수로 자라나더라도 속눈썹의 굵기가 굵고 진한 사람이 숱이 더 많아 보인다.

(2) 정면

정면에서는 고객이 눈을 감은 상태에서 굵기와 길이, 속눈썹의 모근부터 끝나는 부분의 휘어짐이나 방향 등 전체적인 실루엣을 확인하고 형태를 진단한다.

① 한 방향형

한 방향성을 갖는 속눈썹 모양으로 눈꼬리를 향해서 약하게 방향성을 갖는 것이 일반적이다.

② 부채꼴형

가장 이상적인 형태로 서양인들의 속눈썹에서 많이 보인다.
가운데는 일자로 뻗어있으며 눈 앞머리와 꼬리 쪽으로 갈수록 부채 형태로 펼쳐지듯 바깥으로 돌아가있는 형태이다.

③ 일자형

속눈썹 길이가 짧은 경우나 혹은 반대로 길이가 길면서 아래로 처진 형태의 속눈썹에서 많이 보이고 있다.

④ 자유형

전체적으로 속눈썹이 어떤 방향성을 갖지 않고 자유로운 형태로 자라나며 속눈썹끼리 겹쳐있는 모양이다.

(3) 측면

측면에서는 고객이 눈을 뜨고 정면을 응시한 상태에서 관리사가 측면을 확인하는데, 이때 동공의 가장 윗부분이 닿도록 가상의 수평선을 그어 정면에서 확인하기 어려운 속눈썹의 곡선 형태와 눈꺼풀의 생김새 등을 확인하고 진단한다.

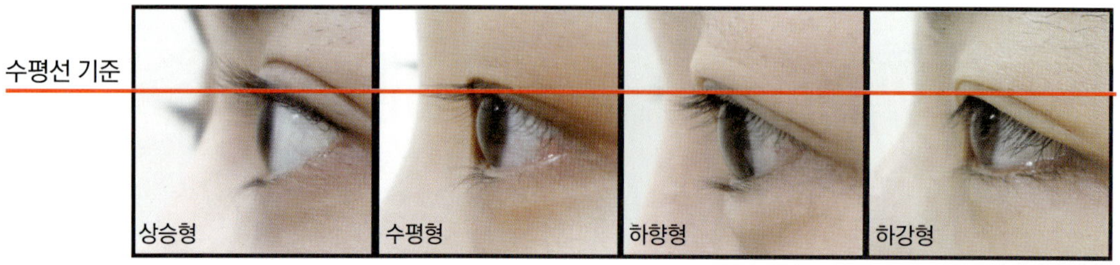

① 상승형

가상의 수평선 기준에서 속눈썹의 방향이 수평선 위로 향하고 있어 동공이 위로 올라가 있는 형태로 점막이 보이는 경우가 많다.

② 수평형

가상의 수평선 기준에서 속눈썹의 방향이 수평선상에 있는 형태로 가속눈썹 컬의 느낌을 그대로 연출이 가능한 형태이다.

③ 하향형

가상의 수평선 기준에서 수평선 아래로 살짝 내려온 형태이다.

④ 하강형

가상의 수평선 기준에서 아래로 많이 처져 있어 동공을 가리는 형태이다.

* 시술 전 고객의 속눈썹 형태가 하강형일 경우 속눈썹 펌을 진행한 뒤 시술하는 것이 효과적이다.

3) 속눈썹의 성장

(1) 성장 속도

모발은 위치하는 곳에 따라 각기 다른 성장 주기를 가지고 있으며 성별이나 연령, 계절, 건강상태, 영양상태, 환경 등에 따라 달라질 수 있다.

(2) 성장 주기

속눈썹은 보통 3~4개월의 성장 주기를 가지며 일반적으로 발생기-성장기-퇴행기-휴지기를 반복하지만 각 모낭은 독립적으로 활동하기 때문에 모근의 상태에 따라서 달라지기도 한다.

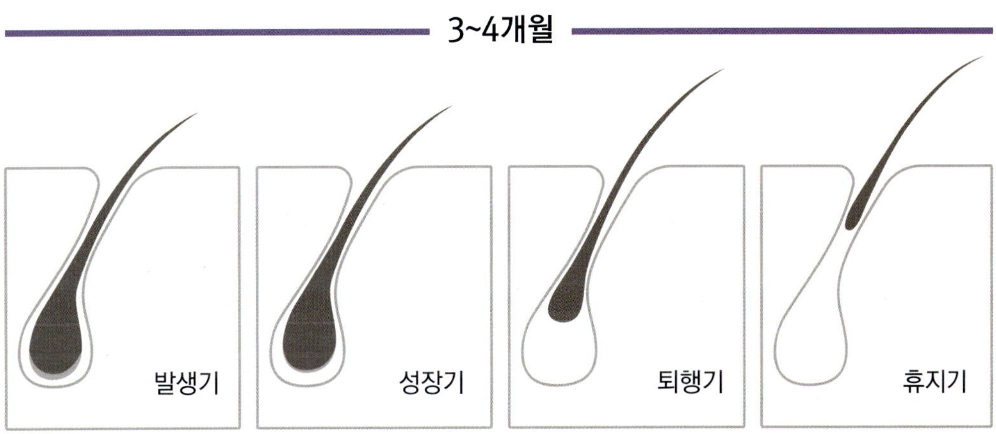

① 발생기

휴지기에 남아있던 모발이 새로 자라나는 성장기 모발에 의해 밀려 빠져나온다.
휴식이 끝난 모유두가 다시 신생 모발의 모구부와 결합됨으로써 세포분열이 다시 시작된다.

② 성장기

모구에서 세포분열이 진행되며 빠르게 성장하는 시기이다.
섭취하는 영양소나 연령, 계절, 질병, 개인의 건강상태 등에 따라 길이, 굵기, 성장 속도 등이 달라질 수 있다.

③ 퇴행기

모발의 대사과정이 느려지는 시기로 더 이상 모발을 만들어내지 않는 상태이다.
모낭이 위축되어 모근은 위쪽으로 밀려 올라가게 되고 결국 세포분열은 정지하게 된다.

④ 휴지기

모낭과 모유두가 완전히 분리되어 모근은 더 위로 올라가며 가벼운 자극에도 통증 없이 탈락된다.

1) 가속눈썹의 종류

가속눈썹의 종류로는 인조 속눈썹, 가닥 속눈썹, 한 올 속눈썹 등 다양하다. 속눈썹 연장 시술 시에는 한 올 속눈썹을 사용한다.

· 벌크형 속눈썹 ·

· 연장형 가속눈썹 ·

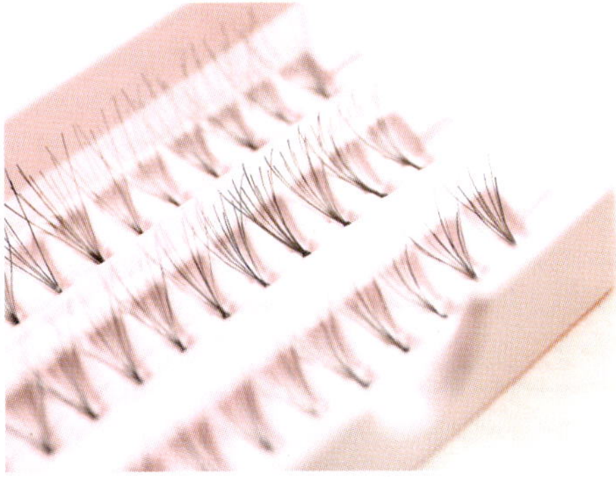

· 일회용 가닥속눈썹 ·

· 일회용 속눈썹 ·

2) 연장용 가속눈썹

초창기에는 가속눈썹은 PVC, PET 소재를 주로 사용하였고, 이 소재에 단백질 성분을 소량 첨가하여 제조하기도 하였다. 현재 가속눈썹에 주로 사용하는 소재는 PP 원사와 PBT 원사이다. 상품의 형태는 가속눈썹의 기본 소재가 되는 원사를 제조사의 기준에 맞춰 결정된다. 제조사의 가공의 정도에 따라 실크모, 밍크모, 플랫모, 인모 등으로 불리며, 제조사의 상품명이나 관리실에서 시술품목의 상품명에 따라 이름은 바뀔 수 있다.

합성가모 원사의 종류

종류	특징
PVC (polyvinyl chloride)	- 속눈썹 연장술 개발 초창기에 사용 - 폴리염화비닐로 파이프의 원료 - 인위적이며 부자연스러움 * 컬이 잘 풀리고 알레르기와와 정전기를 유발하는 등 단점이 발견되어 현재는 사용하지 않는다.
PET (polyethylene terephthalate)	- 페트병의 원료 * PVC와 같은 단점으로 현재는 사용하지 않는다.
PP (poly propylene)	- 석유의 분해가스에서 만든 열가소성 플라스틱 - 가볍고 성형 가공이 쉬움 - 유지력과 내약품성이 좋은 편 - PBT 원사보다 탄력 있고 무거움
PBT (poly-butylene-tere phthalate fiber)	- 신축성과 탄력성이 뛰어난 성질의 합성섬유 - 부드러우며 형태 유지력과 염색성이 좋음 - 가볍고 부드러워 스포츠 웨어에 주로 사용

(1) 가속눈썹의 분류

① 천연모

밍크 등의 동물의 털을 가지고 만든 가속눈썹이다. 속눈썹과 가장 흡사한 성분으로 자연스러운 느낌을 준다. 사람의 속눈썹처럼 큐티클층이 있어 갈라지기도 한다. 불에 그을리면 단백질 타는 냄새가 난다.

② 합성가모

가속눈썹의 원료가 되는 원사를 속눈썹 모양으로 가공하여 만든 것
실크모 – 열처리를 많이 하여 광택감이 있으며 탄성과 컬의 유지력이 좋다.
벨벳모 – 광택감이 없고 소프트한 질감이다.
플랫모 – 가속눈썹의 단면을 납작하게 만들어 시술이 용이하며 가볍고 유지력이 좋다.

☑ 알아보기

국내는 보통 0.15mm~0.20mm(굵기), 7~13mm(길이)로 속눈썹 연장 시술을 한다.
생산되는 길이는 5~20mm까지 생산이 가능하며, 국내에서는 가장 많이 사용되는 연장 길이는 9~11mm이며, 아래 속눈썹 연장에는 일반적으로 5~7mm가 사용된다.

(2) 가속눈썹의 길이

길이 mm	시술부위	특징
5-7	아래 속눈썹 / 솜털 / 앞머리	- 연장 시 얇고 짧은 속눈썹을 보완
8-9	속눈썹의 시작과 끝부분 / 전체	- 얇고 짧은 속눈썹에 연장 - 연장에서 가장 많이들어가는 길이 - 눈매교정 및 명도를 부여
10-11	속눈썹의 시작과 끝 윗층을 제외한 전체	- 보편적으로 사용하는 길이 - 연장 후 속눈썹의 길이감을 결정
12-13	속눈썹의 앞뒤를 제외한 아래층	- 연장속눈썹의 포인트를 잡는 길이 - 소량사용
14-20	선택적	- 취향과 목적에 따라 연장에 추가 - 선택적 사용

(3) 가속눈썹의 굵기

굵기 mm	시술의도	특징
0.05-0.07	비어보이는 부분을 보완	더블모 이상의 증모 시술 시 사용
0.10	자연스러움	사람의 속눈썹 굵기와 가장 흡사
0.15	명도와 밀도감	일반적으로 가장 많이 사용하는 굵기
0.20-0.25	화려함과 선명함	포인트나 굵은 모 연출 시
0.30-0.40	강한 볼륨과 포인트	강한 볼륨 연출 시

☑ 용어 정리

증모 시술 : 한 가닥의 속눈썹에 두 개 이상의 가속눈썹을 연장하는 기술
더블모 : Y 래쉬

(4) 컬의 종류

① J컬

	- 직선의 길이가 길며 자연스럽게 올라가는 컬로 쌍꺼풀이 진하고 정면에서 점막이 보이는 눈에 적합하다. - 하강형 속눈썹에 사용할 경우 시야가 가려져 답답해 보일 수 있다.

② JC컬

	- 상승형, 수평형 속눈썹에 적합하다. - 컬은 J컬보다는 강하고 C컬보다는 완만하다. - 하강형 속눈썹에 시술 시 J컬 정도의 컬링을 만들 때 적합하다.

③ C컬

	- 수평형, 하향형, 하강형 속눈썹에 적합하다. - 가모근의 직선 길이가 짧고 컬이 크며 위로 상승시키는 힘이 있다. - 알파벳 C의 형태처럼 위로 둥글게 올라가는 컬이다.

④ CC컬

	- 가모근에 직선이 없고 커브가 끝까지 강하게 말려있는 컬이다. - 속눈썹 부착면이 좁아 유지력이 짧고 휘어짐이 심하다. - 붙이는 난이도가 높아 관리사의 숙련도가 필요하다.

⑤ D컬

	- 하향형, 하강형 속눈썹에 적합하다. - 가모근의 직선 길이가 매우 짧고 뷰러를 강하게 집은 형태와 흡사하다. - 속눈썹이 직모이면서 속눈썹 방향이 아래로 향하는 하강형 또는 화려한 눈매를 연출할 때 시술한다. - C컬보다 강한 컬링으로 하강형 속눈썹에 시술 시 JC컬 정도의 연출이 가능하다.

⑥ L컬

	- 상승형, 수평형 속눈썹에 적합하다. - 가모근이 직선이며 뷰러를 강하게 집은 모습이나 컬에 웨이브가 없고 수직으로 뻗어있는 형태이다. - 서양인의 눈매나 아이홀이 깊은 눈매 또는 안경을 쓰는 시술자에게 적합하다.

⑦ I컬

	- 브로우나 남성에게 연장 시 또는 상승형 속눈썹에 적합하다. - 컬이 거의 없으며 0.07mm 굵기와 5~8mm 길이를 주로 사용한다. - 언더래쉬 사용에 적합하다. - 매우 자연스러운 느낌을 주지만 적은 양으로도 큰 효과를 볼 수 있다.

⑧ 컬의 형태 및 기능

가속눈썹의 모근 길이가 길수록 커브가 약하고 아래로 누르는 힘이 강해진다.

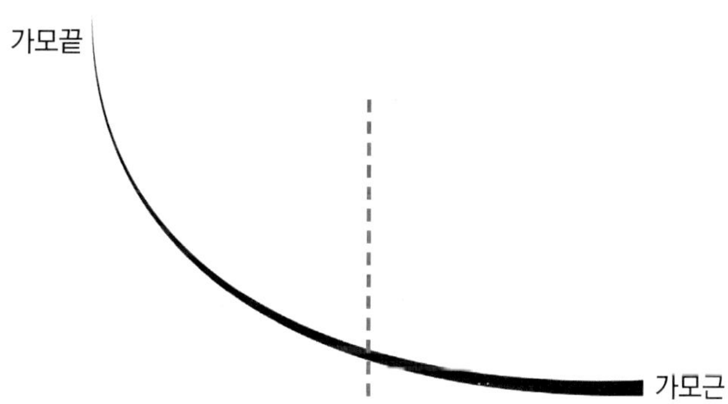

J컬	
JC컬	
C컬	
CC컬	
L컬	

☑ 가속눈썹의 굵기

가속눈썹의 굵기는 가장 얇은 0.07부터 0.20 이상까지 다양하다.
고객의 속눈썹 숱이 적은 경우 효과적인 완성도를 위하여 두꺼운 가속눈썹을 사용하기도 하나 무게가 있기 때문에 고객의 속눈썹이 지나치게 얇고 힘이 없을 경우 부작용으로 가모가 빨리 떨어지거나 연장된 속눈썹이 쉽게 휠 수 있다. 또한 두꺼울수록 탄력이 약해지며 시술이 깔끔하게 완성되지 않았을 때에는 이물감을 쉽게 느낄 수 있으므로 관리사의 숙련도를 요구한다.

(5) 제품의 형태

① 벌크형

초창기 가속눈썹이 생산되었던 형태로 가격이 저렴한 부분이 장점이었으나, 섬세한 작업이 어려웠고 테이프 부착형 제품이 대중화되면서 더 이상 사용하지 않는다.

② 테이프 부착형 가속눈썹

가공된 가속눈썹을 한 가닥씩 떼어 사용하기 편리하도록 한 줄로 테이프에 접착하여 만든 제품이다. 벌크형에 비해 시술이 빠르고 사용하기 편리하며, 가속눈썹 작업대에 길이와 컬을 다르게 여러 사이즈를 부착하여 시술 시 길이와 컬을 섞어 시술하기 용이하다.

③ Y래쉬(더블모)

자연스러우면서 풍성한 볼륨을 위해 사용되며 하나의 속눈썹에 2개를 붙이기 때문에 더블모라고도 한다.

④ W래쉬(삼중모/트리플모)

3가닥 이상의 컬로 다양하며 속눈썹이 적어도 자연스럽게 볼륨감을 완성해준다. 하나만 붙여도 간격을 채워주는 효과가 크다.

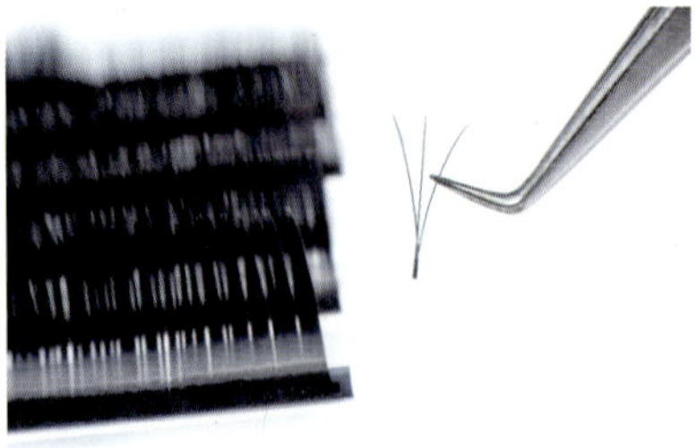

⑤ 특수속눈썹

보석 속눈썹(큐빅 래쉬)
포인트용 특수속눈썹으로 시술 후 시술자의 섬세한 관리가 필요하다.

컬러 래쉬
포인트, 그러데이션 등 컬러를 이용한 개성있는 연출을 위해 사용된다.

글리터 래쉬
창작, 포인트용 특수 속눈썹으로 글리터가 눈에 들어갈 위험이 있어 고객에게 사용하지 않는다.

MEMO

CHAPTER

4

시술재료 사용법

학습목표

관리사가 시술 시 사용하는 다양한 도구와 활용법에 대해 익히고 주재료와 부재료에 대한 기본적인 이론 지식을 학습한다.

1. 속눈썹 연장 시술재료

1) 시술 도구와 재료

가속눈썹, 글루, 핀셋, 전처리제, 리무버, 미용솜, 아이패치, 글루플레이트, 송풍기, 브러쉬 등

주재료 : 가속눈썹, 글루, 핀셋
부재료 : 전처리제, 리무버, 미용솜, 아이패치, 글루플레이트, 송풍기, 마스크, 브러쉬 등

2. 핀셋

1) 핀셋의 종류

시술 시 사용하는 핀셋은 연장할 대상이 되는 속눈썹을 찾거나, 테이프형 접착식 속눈썹의 가속눈썹을 떼어내는 등 양손에 동시에 사용해야 하는 도구로써 형태가 모두 다르고 취향에 맞게 사용할 수 있도록 다양한 디자인이 있다.
핀셋은 관리사의 편의에 따라서 선택적으로 사용할 수 있다.

① 일자 핀셋

주로 가모를 잡는 용도로 사용한다.

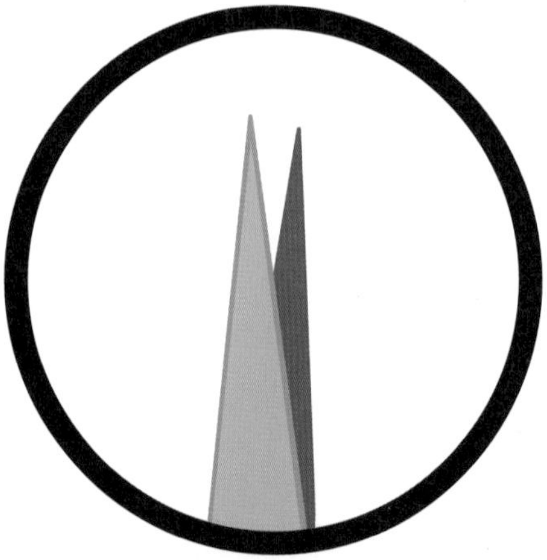

② 일자 핀셋 / F shape

주로 가모를 잡는 용도로 사용한다.

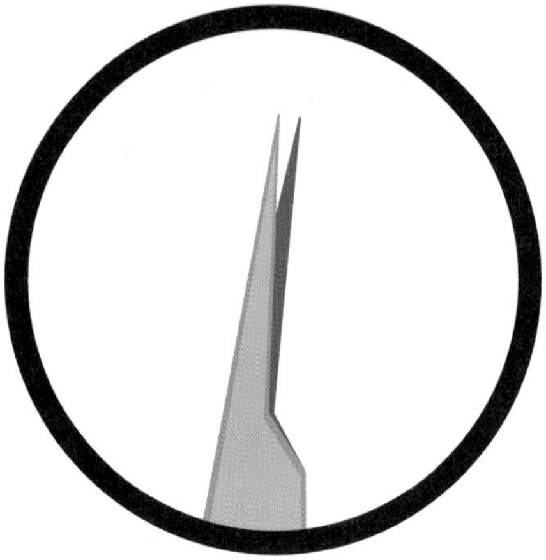

③ 일자 핀셋 / A shape

주로 가모를 잡는 용도로 사용한다.

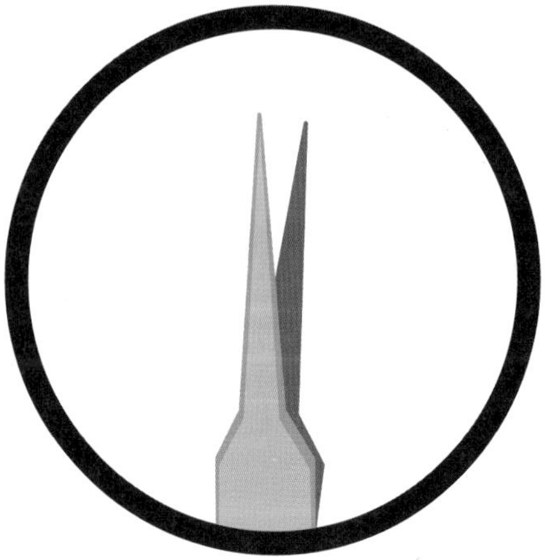

④ 굽은 핀셋 / L shape

연장할 한 가닥을 확보하기 위해 주변의 속눈썹을 가르는 용으로 사용한다.

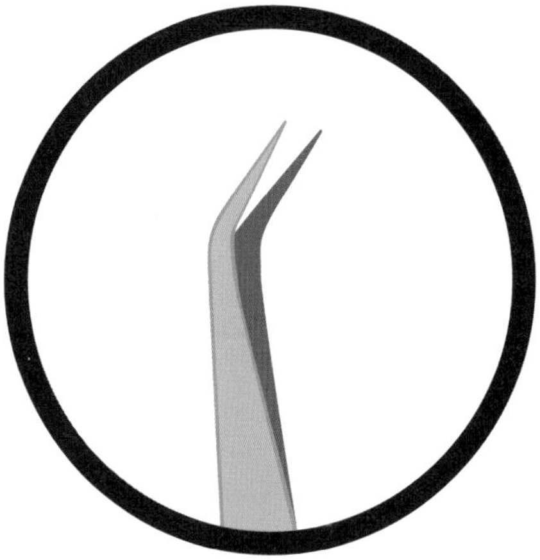

⑤ 커브 핀셋 / S shape

연장할 한 가닥을 확보하기 위해 주변의 속눈썹을 가르는 용으로 사용하는 핀셋이다. 굽은 핀셋과 같은 역할을 하나 커브가 완만한 S형의 모양으로 되어있다.

⑥ 증모 핀셋 / Hatchet

증모 시술 시 사용하는 핀셋으로 Y래쉬, W래쉬 등 여러 가닥으로 합쳐진 가속눈썹을 잡을 때 사용한다.

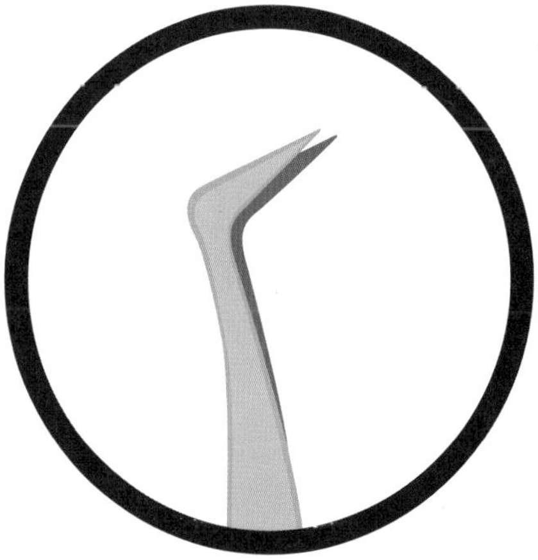

⑦ **증모 핀셋 / Z shape**

증모 시술 시 사용하는 핀셋으로 Y래쉬, W래쉬 등 여러 가닥으로 합쳐진 가속눈썹을 잡을 때 사용한다.

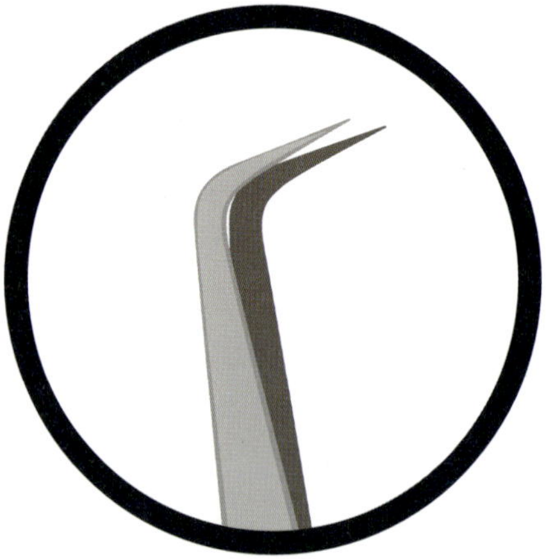

2) 핀셋 사용시 주의사항

① 핀셋을 선택 시 양쪽 핀셋 끝이 잘 맞는지 확인하고 손가락 압의 세기, 관리사의 시술 방법에 따라 선택한다.
② 핀셋의 보관은 알코올로 닦아 자외선 소독기에 보관하고 시술 전 알코올로 소독 후 사용한다.
③ 사용하지 않을 때는 핀셋의 날카로운 부분에 캡을 씌워두며 떨어뜨리지 않도록 주의한다.
④ 핀셋은 모양과 크기에 따라 종류가 다양하나 주로 직선과 커브 핀셋을 많이 사용한다.

3) 핀셋 사용법

연장 시 핀셋은 두 종류를 양손에 잡아 사용하는데 주로 사용하는 손으로 일자 핀셋을 잡고 다른쪽 손으로 굽은 핀셋을 잡아 시술을 진행한다.

(1) 일자 핀셋

① 가모를 잡고 떼기 위해 사용하고 관리사가 주로 사용하는 손으로 잡아야 한다.
② 핀셋의 날에서부터 1/3 떨어진 지점을 엄지와 중지로 핀셋을 잡는다.
③ 검지는 힘을 빼고 중지 옆에 얹어놓는다.

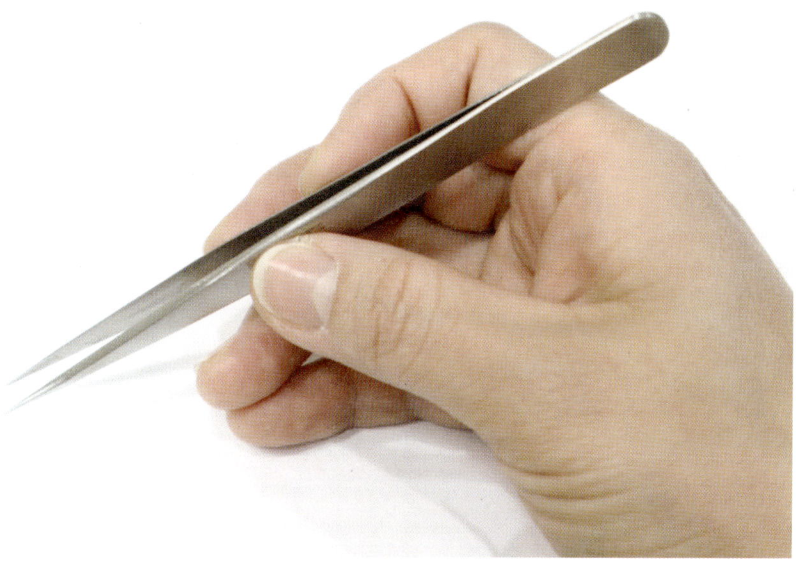

· 오른손잡이 기준 ·

(2) 굽은핀셋

① 연장할 속눈썹 한 가닥을 확보하기 위해 사용하며 반대쪽 손에 잡는다.

② 오른손과 마찬가지로 엄지와 중지로 핀셋의 1/3 지점에 해당하는 부분을 잡는다.

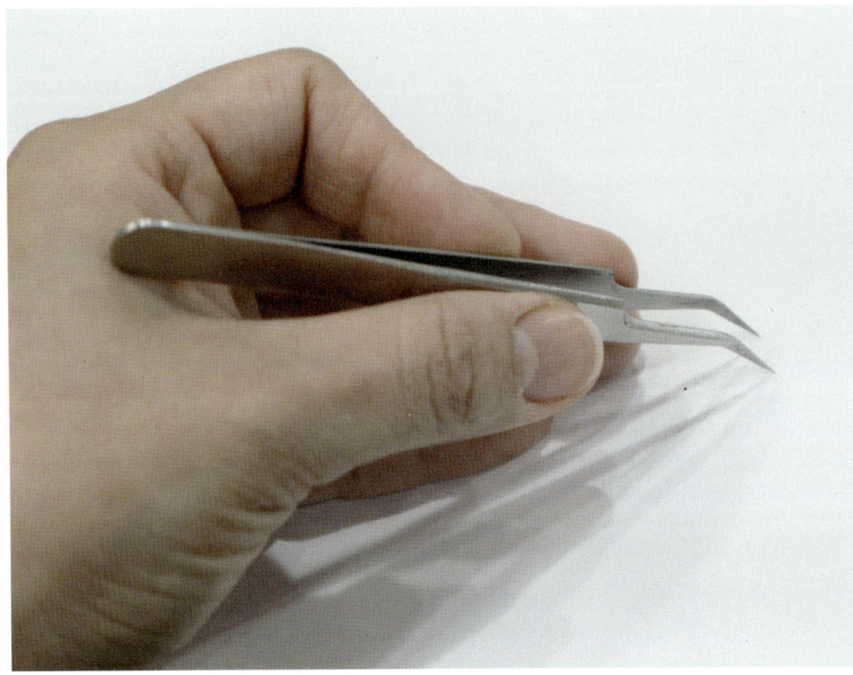

1) 미용접착제(속눈썹접착제/글루)의 성분

미용접착제는 공기 중 수분에 민감하여 습도가 높으면 빨리 굳고 습도가 낮을수록 천천히 굳지만, 습도가 70% 이상의 높은 습도에서는 경화 속도가 느려진다.
미용접착제 사용 시 권장 온도는 20~23℃이며 온도가 높으면 빨리 굳고 낮으면 천천히 굳는다.

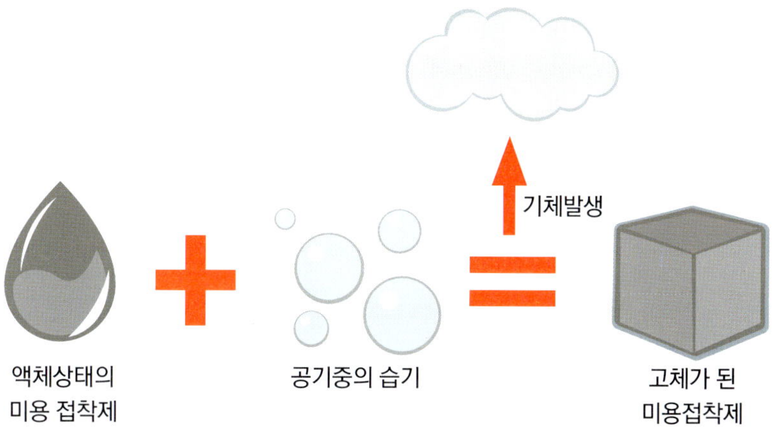

미용접착제 참고 사진

· 미용접착제의 원리 ·

(1) 미용접착제의 원료 / 시아노 아크릴레이트

속눈썹과 가속눈썹을 접착할 때 사용하는 재료로써 접착제는 반응성 아크릴 계열 접착제의 일종으로 시아노아크릴레이트가 주원료이다. 시아노 아크릴레이트가 90~95%와 색소(카본블랙), 안정제, 증점제, 경화 촉진제, 착색제 등 복합 화합물 5~10%로 구성되어 있다.

(2) 시아노 아크릴레이트의 종류와 특징

종류	특징
메틸 시아노 아크릴레이트	- 최초로 개발된 시아노 아크릴레이트의 종류로 독성이 강하다. - 단백질을 용해시키기 때문에 영구 실명으로 이어질 수 있다. - 대부분 금속 기판에 접착이 가능하며, 절대 속눈썹 접착제로는 사용해서는 안 된다.
에틸 시아노 아크릴레이트	- 목공용, 플라스틱, 금속 등의 접착 용도로 국내 순간접착제 시장의 90%를 차지한다. - 속눈썹 연장용 접착제에 주로 사용되며, 카본블랙 색소가 섞여 있다. - 건조 시간이 빠르고 접착력이 강하지만 냄새와 자극이 상당히 강하다.
알콕시 시아노 아크릴레이트	- 저자극, 저취형 제품으로 에틸계보다 8배 정도 비싼 고급제품이다.
메톡시 시아노 아크릴레이트	- 가장 자극적이고 무취이다. - 에틸 및 부틸형 속눈썹 접착제의 개선을 위해 개발되었으나 건조시간이 느리고 접착력과 유지력이 약하다.
부틸 시아노 아크릴레이트	- 냄새가 적고 저자극인 순간접착제로 수의용 의료 분야에서 사용을 목적으로 개발되었다. - 에틸 타입보다 경화가 느리고 접착력과 유지력도 약하다. - 물에 녹지 않는 특성이 있다.
옥틸 시아노 아크릴레이트	- 주로 의료나 수의용, 응급치료 분야에 사용되는 상처 봉합 접착제이다. - 독성 우려를 해결하고 피부 자극과 알레르기 반응을 줄이기 위해 개발되었다.

2) 미용접착제 사용법

설명	속눈썹접착제 사용 예시
(1) 미용접착제를 크리스탈 판에 한 방울 떨어뜨려 사용한다. (2) 떨어뜨린 미용접착제 방울의 중앙 부분에 가속 눈썹을 둔다.	
(1) 가속눈썹의 모근 부분에서 약 3~4mm 정도를 미용접착제에 넣고 천천히 뺀다. **주의사항** - 접착제가 망울지지 않아야 한다. - 가속눈썹의 모근 부분이 들어가는 각도와 길이에 주의한다.	
미용접착제의 종류 (1) 스피드 글루 : 점도가 묽은 편이고 경화 속도가 빠르며 시술 속도가 빠른 관리사에게 적합하다. (2) 일반 글루 : 점도가 되직한 편이고 경화 속도가 느리지만 경화된 뒤 강도는 더 강하다. 초보자나 시술 속도가 느린 관리사에게 적합하다.	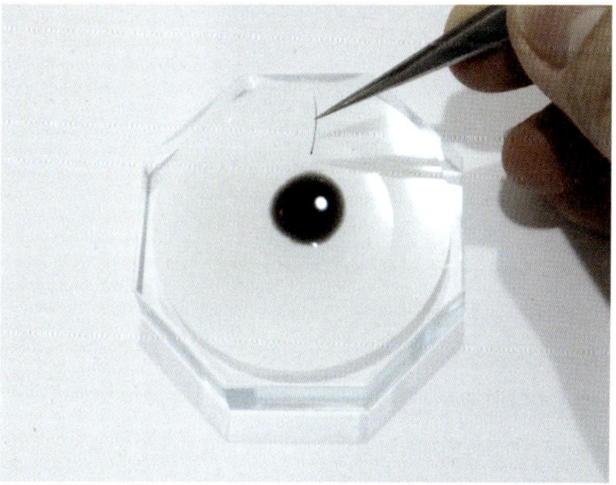

☑ 미용접착제의 올바른 사용법

올바른 사용법

1. 미용접착제의 가운데에 핀셋으로 잡은 가속눈썹 모근을 위치시킨다.
2. 미용접착제에 가속눈썹 모근 부분을 3~4mm 담그고 45° 각도로 천천히 뺀다.

부적절한 사용법

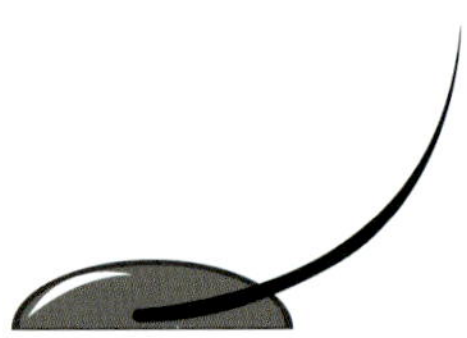

미용접착제에 가속눈썹을 깊게 넣는 경우

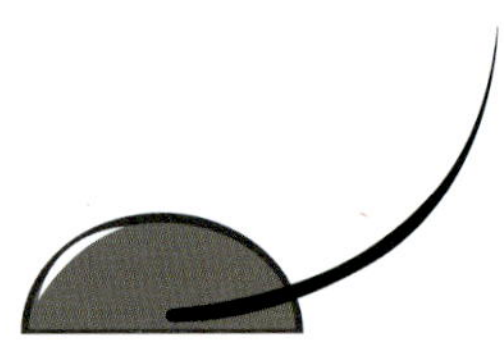

미용접착제가 너무 적은 경우

미용접착제가 경화가 시작된 경우

가눈썹을 판에 끌면서 빼는 경우

미용접착제가 망울진 경우 접착제의 양이 많은 경우

미용접착제 양 조절하기

- 미용접착제를 바를 때 가모가 플레이트 판에 너무 가까울 경우 접착제가 너무 많이 발릴 수 있고, 표면에 너무 가까울 경우 글루가 망울질 수 있으므로 주의해야 한다.
- 양이 적을 경우 접착력이 약해 가모가 금방 떨어질 수 있다.
- 너무 많을 경우 주변 속눈썹이 붙거나 모근까지 흐를 수 있으며 건조 후 덩어리질 수 있다.
- 가속눈썹을 접착제에 담근 상태에서 그대로 들어 올릴 경우 망울이 질 수 있다.

3) 미용접착제 보관방법

(1) 개봉 전

① 개봉 전 습기 제거제와 함께 밀봉하여 서늘한 곳에 보관한다.
② 상온에 한 달 이상 장기 보관 시 내용물이 미세하게 경화되거나 변질되어 유지력에 영향을 끼칠 수 있다.
③ 미용접착제의 유통기한은 제조사마다 상이하나 평균적으로 제조일로부터 약 6개월이다.
④ 개봉한 미용접착제는 한 달 이내 사용하는 것이 좋으며, 월 사용량을 계산하고 필요한 만큼 구매하여 사용할 것을 권장한다.

(2) 개봉 후

① 시술 직전에 충분히 잘 흔들어 사용한다.
② 휘발성이 강하므로 뚜껑을 잘 닫아 서늘한 곳 또는 글루 전용 밀폐용기 등 습도조절이 가능한 곳에 세워서 보관한다.
③ 사용 후 미용접착제 입구는 천이나 티슈로 닦아서 잔여물이 없도록 한다.
④ 물에 닿으면 굳기 때문에 물티슈 사용은 하지 않는다.

4) 미용접착제 사용 시 주의사항

① 시술 환경(영업장 내의 온도와 습도), 시술 속도 등에 따라 관리사에게 맞는 적합한 접착제를 선택하여 사용한다.
② 미용접착제는 섞어서 사용하거나 지정 용기로부터 옮겨 보관하지 않는다.
③ 사용한 미용접착제는 20~30분이 지나고 경화되면 사용하지 않는다.
④ 접착제를 피부에 닿게 연장할 경우, 견인성 탈모, 가려움, 부어오름, 점막 염증, 시력손상 등 고객의 눈 건강에 영향을 줄 수 있으므로 주의한다.
⑤ 눈의 건강상태가 좋지 않은 고객은 알레르기 반응을 일으킬 수 있으므로, 시술 전 충분한 상담이 필요하다.

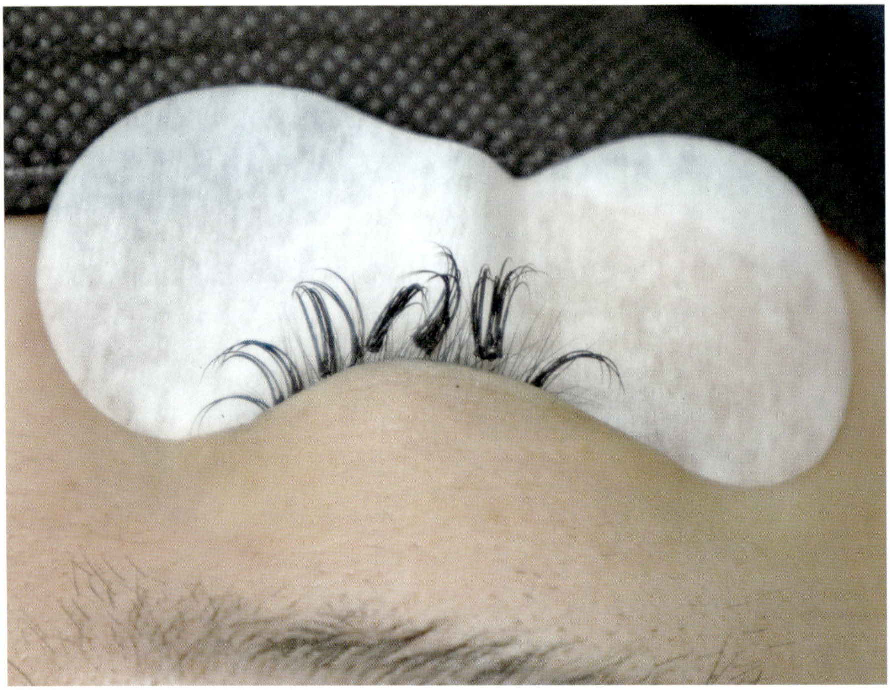

· 미용접착제 양 조절에 실패한 경우 ·

4. 가속눈썹

1) 가속눈썹 사용방법

① 핀셋이 가속눈썹 홀더(테이프 부분)와 수평을 이루며 핀셋의 끝부분은 가속눈썹의 모근에서부터 2/3 지점을 잡는다.

② 핀셋을 앞으로 당겨 떼어내는데 가속눈썹이 꺾이거나 변형될 수 있으니 손에 힘이 많이 들어가지 않도록 주의한다.

· 오른손잡이 시술 기준 ·

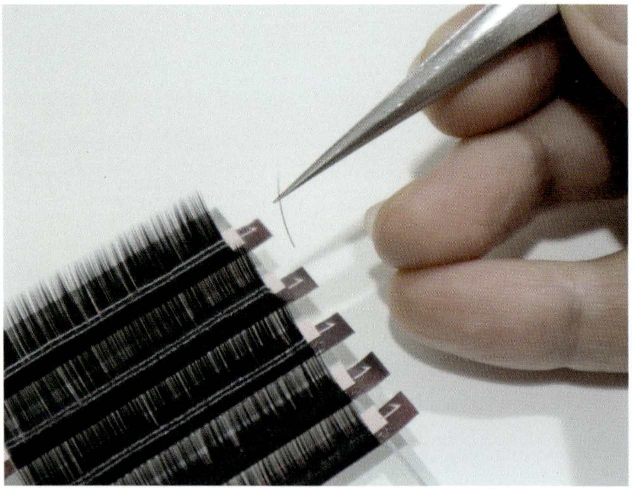

· 가속눈썹 사용 예시 ·

☑ 주의 사항

- 가속눈썹은 사용할 길이(mm)를 정하여 가속눈썹 판에 붙여두고 사용하도록 한다.
- 가볍게 힘을 주어 앞으로 당겨 떼어내는데 가속눈썹이 꺾이거나 변형될 수 있으니 손에 힘이 많이 들어가지 않도록 주의한다.
- 가속눈썹의 모근과 너무 가깝게 잡을 경우 미용접착제가 핀셋에 묻을 수 있으니 주의한다.
- 가속눈썹 사용 시 중간에서 떼어내지 않고 한쪽에서부터 차례대로 사용한다.

2) 가속눈썹의 접착면 차이비교

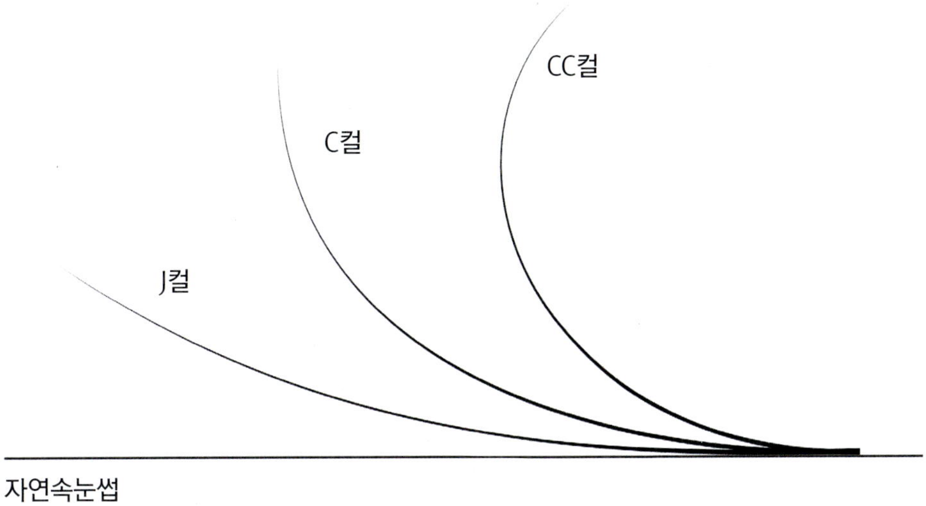

① 가속눈썹은 컬의 형태에 따라 나뉘고 J, JC, C, CC 순서로 휘어짐이 강해진다.

② 휘어짐의 정도에 따라 자연 속눈썹과의 접착면이 차이가 난다.

③ 휘어진 각도가 낮을수록 접착면이 넓어지고 유지력이 길어지나 각도가 높을수록 접착면이 짧아지기 때문에 관리사의 숙련도가 필요하다.

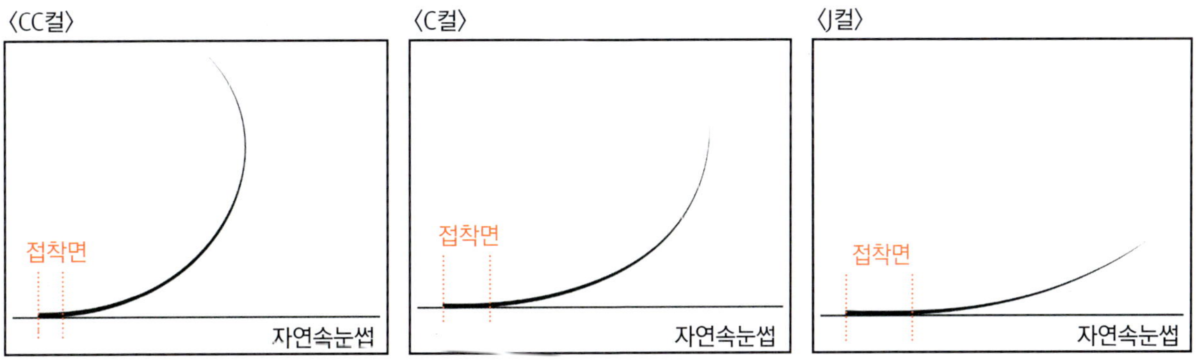

3) 가속눈썹 사용 시 주의사항

① 가속눈썹을 떼어 낼 때는 손으로 가모를 만지지 않는 것이 좋다.
② 시술 시에 사용할 가속눈썹을 가속눈썹 플레이트에 한 줄씩 붙여두고 사용한다.
③ 사용하고 남은 가속눈썹은 주변에 지저분하게 떨어진 가모들을 핀셋으로 정리하고 송풍기로 먼지 등을 털어낸 뒤 제자리에 보관한다.
④ 또는 빈 속눈썹 통에 같은 컬, 두께의 가속눈썹을 미리 정리해두면 사용 시 바로 꺼내서 사용하고 뚜껑을 덮어 보관할 수 있다.

5. 부재료

1) 전처리제

① 속눈썹의 이물질 및 유분기를 제거할 때 사용한다.
② 전처리제 사용 후 연장하는 것이 가모의 지속력을 더 높여준다.
③ 다양한 형태의 제품들이 있다.
④ 안구에 들어가지 않도록 유의하여 사용해야 한다.

2) 미용접착제 판(크리스탈 판/글루 플레이트)

① 속눈썹 접착제를 덜어서 쓰는 용기로 차가운 성질이 있어 접착제가 굳는 속도를 늦춰준다.
② 종류는 옥돌, 크리스탈 등 다양하다.

3) 일회용 아이패치(실리콘 패치)

① 속눈썹 연장 도구로부터 피부를 보호한다.
② 시술할 속눈썹을 정확하게 확보하고 위와 아래 속눈썹이 붙지 않도록 한다.

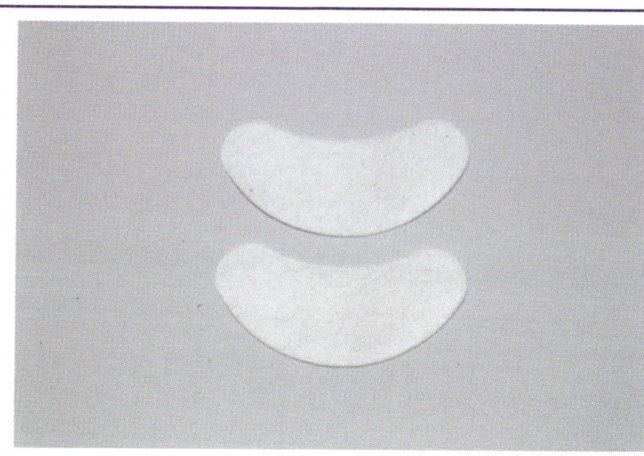

4) 송풍기

① 속눈썹 연장 시술 후 미용접착제를 빠른 속도로 말리기 위해 사용한다.
② 관리사의 시술 타입에 따라 부채나 에어펌프 등으로 대체하기도 한다.

5) 가속눈썹 판(크리스탈 판/속눈썹 플레이트)

① 테이프형 가속눈썹을 한 줄씩 떼어서 붙여 놓고 시술할 때 사용한다.
② 시술 시 필요한 가속눈썹을 미리 붙여두어 시술 시간을 단축한다.

6) 위생도구

① 스테인리스 판, 마스크, 소독액, 유리 볼, 거즈 또는 솜 등
② 스테인리스 판은 사용한 일회용품과 도구를 한 번에 모아 시술 완료 후 위생적으로 처리하도록 한다.
③ 소독액은 편의에 따라 도구용, 손소독용으로 나누어 사용할 수 있다.
④ 마스크는 위생을 위해 착용하나 플라스틱이나, KF94 등 특수 마스크로 대체 가능하다.

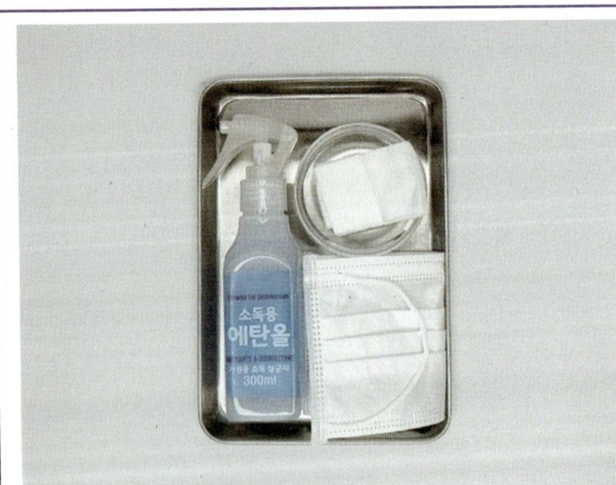

7) 리무버(속눈썹 연장 제거용)

① 연장된 속눈썹을 제거하기 위한 재료로 액상, 젤, 크림 타입 등으로 다양하다.
② 관리사의 시술방식에 맞는 리무버를 선택해 사용하면 된다.

<table>
<tr><td>• 속눈썹 전체 제거에 많이 사용하고 점도가 높은 타입으로 흘러내리지 않아 안전성이 있다.</td><td>
크림 타입 리무버</td></tr>
<tr><td>• 젤 타입은 부분적 제거를 할 때 많이 사용하는 타입이다.</td><td>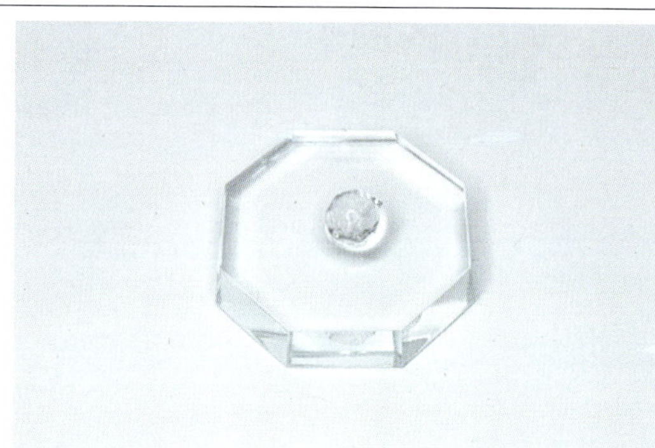
젤 타입 리무버</td></tr>
<tr><td>• 액상 타입의 경우 점도가 묽기 때문에 눈에 들어갈 위험이 있다.
• 속눈썹 연장 전체 제거에 사용하지 않고 부분 제거나 도구 세척용으로 사용한다.</td><td>
액상 타입 리무버</td></tr>
</table>

CHAPTER 5

속눈썹 연장

학습목표

본격적인 실무를 학습하는 챕터로 시술 순서와 주의사항 및 연장 방법에 대하여 익힌다.

1. 속눈썹 연장 시술 순서

상담

고객의 취향 및 성향, 목적을 파악한다.

→

디자인

고객의 속눈썹이 시술 가능한 컨디션인지 확인하고 형태를 진단하여 디자인한다.

→

주의사항 안내

시술 후 생길 수 있는 부작용에 대해 상세히 안내한다.

→

상담

가벼운 질문으로 고객의 상태를 파악하며 시술을 진행한다.

→

시술 후 관리안내

고객에게 시술 후 관리법과 주의사항에 대하여 상세히 안내한다.

2. 속눈썹 관리사의 주의사항

1) 관리 전 확인 및 전달사항

① 부작용이 발생할 수 있는 사항에 대해 안내하고 고객의 동의하에 시술 진행한다.

- 평소에 피부, 눈가가 예민한 경우 알레르기 반응으로 가려움, 안구충혈, 부어오름 등의 반응이 있을 수 있다.
- 안구질환, 결막염 등 안구 관련 질병이 있을 때는 2차 감염 및 질병 예방을 위해 시술을 권하지 않는다.

- 고객의 콘택트렌즈 사용 여부를 확인하고 착용 중 일시에는 충혈 방지를 위해 탈거를 요청한다.

② 높은 완성도와 고객의 만족도를 위해 아래의 사항을 고려한다.

- 고객과의 충분한 상담을 통해 취향을 파악한다.
- 고객의 직업, 연령, 복장, 목적 등을 파악하며 적절한 디자인을 추천한다.
- 종류와 디자인에 따른 샘플북으로 시술 사진을 비교하며 고객의 결정을 돕는다.
- 고객의 눈매와 속눈썹의 형태 및 방향, 점막이나 동공이 보이는 정도, 대칭 등을 확인하고 가속눈썹의 길이, 컬, 굵기를 고려해 디자인한다.

2) 시술 시 주의사항

① 아이패치 부착 시 점막 위로 올라오거나 눈동자에 닿지 않도록 주의한다.
② 눈두덩 위에 테이핑 시 눈꺼풀을 너무 많이 들어 동공이 보이지 않도록 주의한다.
③ 시술 시 관리사의 손은 고객의 이마에 위치하며, 고객의 얼굴을 강하게 누르지 않는다.
④ 작업 시 접착제 등 시술재료는 고객의 두상 옆에 수평하게 둔다.

3) 관리사의 자세

① 자부심

- 단순히 속눈썹을 붙여주는 직업이 아닌 한 사람 한 사람 아름다운 눈매를 만들어주며, 콤플렉스까지 보완할 수 있는 기술자로, 속눈썹 디자이너라는 자부심을 가지고 시술한다.

② 끊임없는 자기기술 개발

- 새로운 시술과 재료의 다양성, 다양한 디자인을 공부하며 새로운 것을 나만의 메뉴로 만들어 차별성을 가져야 한다.

③ 서비스 마인드

- 고객의 긴장도를 낮추고 신뢰도를 올리기 위해 고객과 상담하면서 희망 사항을 파악하고 시술받을 부위를 관찰하여 정확히 전달한다.
- 고객의 희망 사항이 구체적이거나 정확하지 않더라도 인내하고 경청하는 자세를 갖춰야 한다.
- 시술이 어렵거나 까다롭더라도 가능성을 전달하고 양해를 구하며 시술이 불편하지 않도록 배려한다.
- 시술 후 소통하며 고객의 컨디션과 만족도를 확인하고 사후관리까지 가능하도록 재시술의 가능성을 열어둔다.

④ 고객을 배려하는 시술

- 시술 시 주의사항에 따르며 시술 중 고객의 컨디션을 확인하는 행동은 고객이 관리사의 전문성과 배려를 재차 확인할 수 있는 기회이다.

☑ 용어 정리

- 속눈썹(eyelashes, lashes)

첩모라고도 하며 실제 사람 눈시울에 난 털

- 속눈썹 연장(eyelashes extantion)

본래 속눈썹에 가속눈썹을 붙여 속눈썹이 길어 보이도록 하는 미용기법

- 속눈썹 관리사

속눈썹 연장 시술의 기술자를 칭한다.

- 가속눈썹(가모, 인조속눈썹)

동물의 털이나 인공섬유를 가공하여 실제 속눈썹과 비슷하게 만든 것

- 속눈썹 증모

속눈썹의 수보다 더 많은 가속눈썹을 연장시킴으로써 속눈썹수를 증가시키는 연장 방법

---

3. 시술방법

1) 준비

(1) 시술 장소

미용베드, 스탠드, 소독기 등 시술시 불편함이 없는 최소한의 기구가 갖춰진 장소

(2) 관리복

가운, 마스크, 머리끈 등 시술시 위생을 위한 단정한 용모

(3) 시술 도구

손 소독제, 소독용 알코올, 핀셋, 가속눈썹(가모), 가속눈썹 판, 미용접착제, 미용접착제 판, 아이패치, 전처리제, 속눈썹 브러쉬, 송풍기(부채/에어펌프 등), 화장 솜

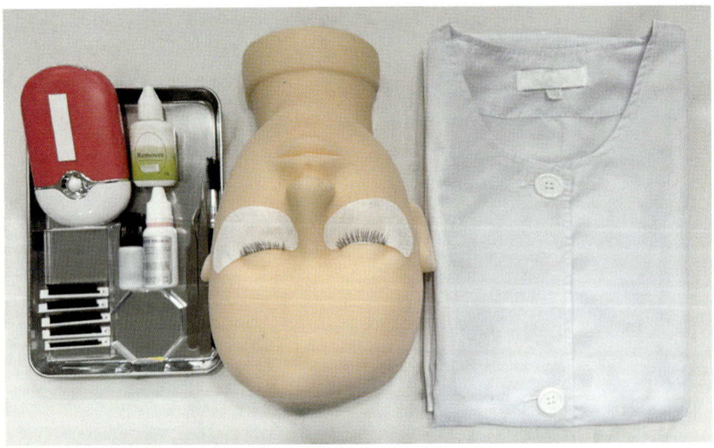

· 시술도구 사진 예시 ·

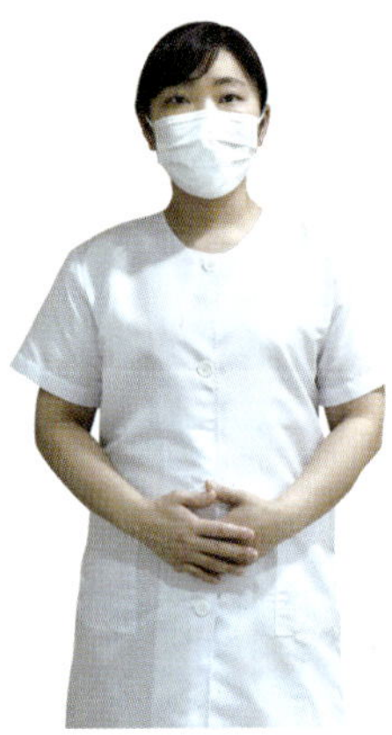

· 관리사 복장 예시 ·

① 위의 재료는 시술 시 갖추어야 할 최소한의 재료이고 관리사의 시술 방향성에 맞는 재료가 있는 경우 추가로 준비한다.
② 시술재료들은 일자 핀셋을 잡는 쪽, 시술자의 두상과 평행하도록 둔다.

2) 소독

① 관리사의 손을 먼저 소독한 후 시술 도구(핀셋) 등을 소독용 알코올로 소독한다.

② 핀셋은 알코올 소독 후 자외선 소독기에 넣어 소독을 완료해야 한다.

* 도구는 모두 사용 전과 사용 후로 나누어 보관한다.

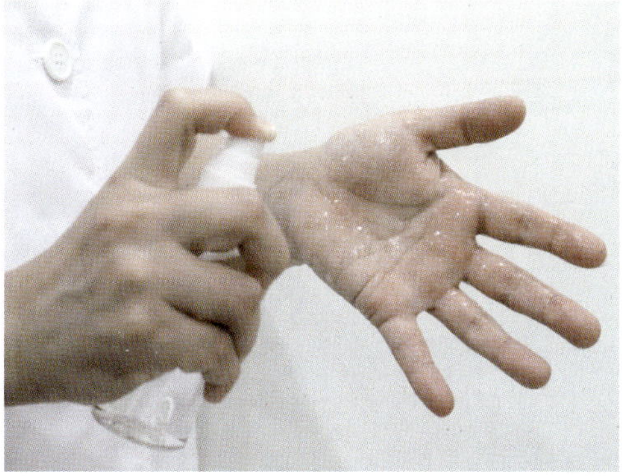

· 손소독 사진 예시 ·

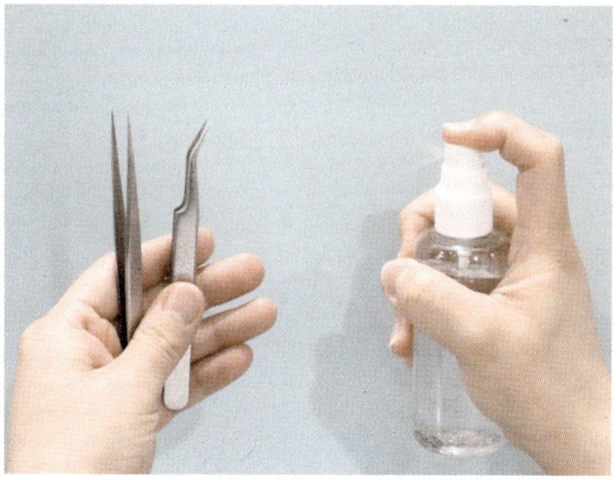

· 도구소독 사진 예시 ·

3) 전처리제로 닦기

① 눈 화장이 되어있는 경우 메이크업 리무버로 깨끗하게 닦아내고 리무버와 잔여물이 남지 않을 때까지 닦아야 한다.

② 속눈썹 연장의 유지력을 높이기 위해 전처리제로 속눈썹 사이를 잘 닦아 유분과 수분, 먼지 등 이물질을 제거하고 습기가 남아있지 않도록 한다.

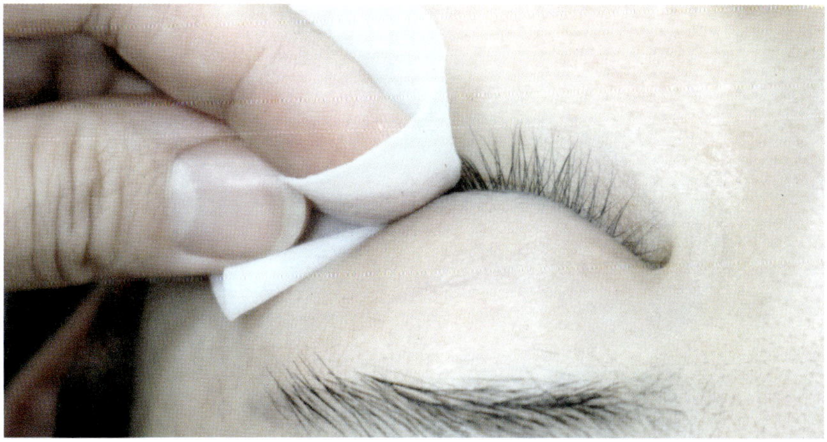

· 전처리제 사용 예시 ·

4) 아이패치 붙이기

글루와 핀셋으로부터 눈을 보호하기 위해 고객의 아래 속눈썹을 아이패치를 붙여주는데, 이때 아이패치가 안구에 닿지 않도록 아래쪽 점막을 피해 덮어준다.

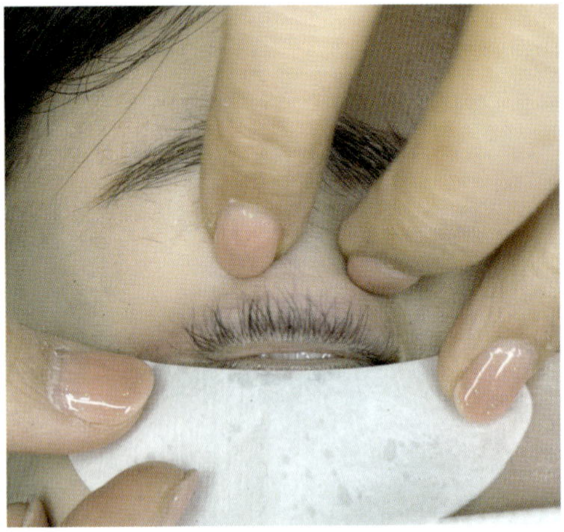

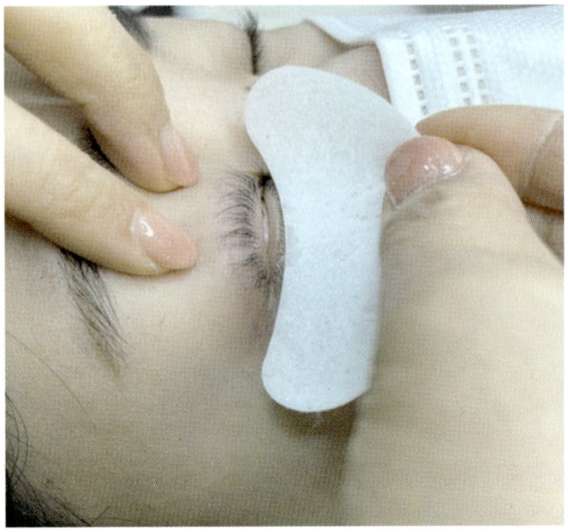

· 아이패치 사용 예시 ·

5) 미용접착제와 가속눈썹 사용하기

(1) 미용접착제 덜어두기

① 시술 전에 잘 흔들고 미용접착제판(글루판/크리스탈판)에 한 방울 덜어 사용한다.

② 시술 준비가 안 된 상태에서 접착제를 덜어 둘 경우 경화가 시작되므로 시술 직전에 준비하는 것이 좋다.

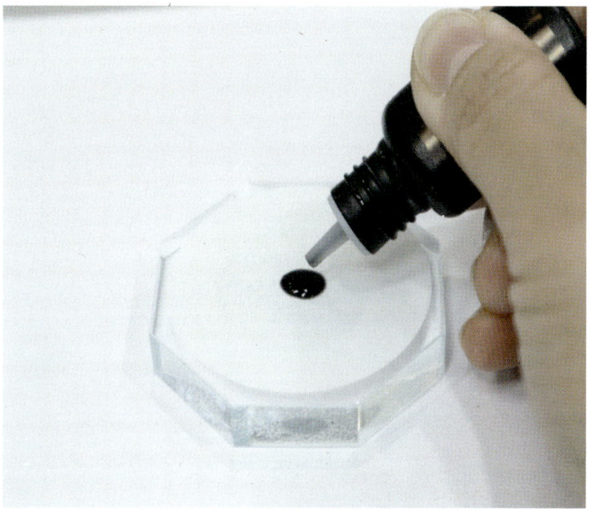

· 접착제와 크리스탈 판 사용 예시 ·

(2) 가속눈썹 떼어내기 | 일자 핀셋 사용

① 핀셋이 가속눈썹 홀더(테이프 부분)와 수평을 이루게 잡고 핀셋의 끝부분은 가속눈썹의 모근에서부터 2/3 지점을 잡아 떼어낸다.

② 가속눈썹 사용 시 사용할 여러 가지 길이(mm)를 가속눈썹판에 한 줄씩 덜어두고 사용한다.

③ 가속눈썹 사용 시 중간에서 떼어내지 않고 한 방향에서부터 차례대로 사용한다.

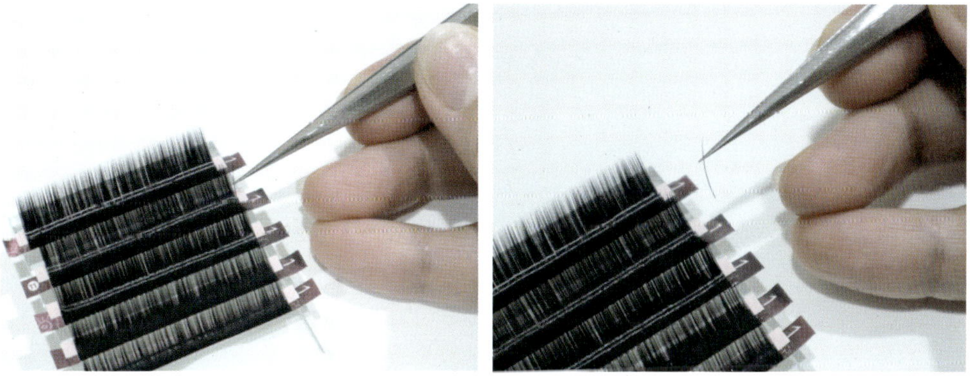

· 일자 핀셋, 가속눈썹 사용 예시 ·

(3) 가속눈썹에 미용접착제 바르기

미용접착제 방울의 중앙 부분에 가속눈썹을 두고 모근에서부터 약 3~4mm를 접착제에 넣었다가 천천히 뺀다.

· 미용접착제 사용 예시 ·

* 가속눈썹과 미용접착제의 사용방법은 미용재료 사용방법 참고

6) 속눈썹 연장

설명	속눈썹연장
굽은핀셋 사용 예시. 속눈썹 한가닥을 확보한 상태	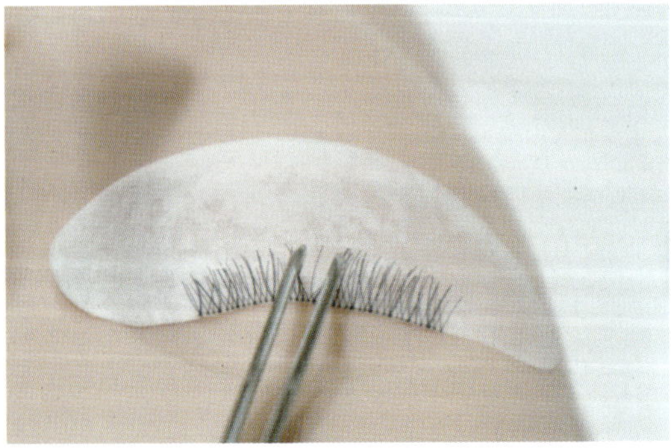

설명	속눈썹연장
접착제를 바른 가속눈썹으로 속눈썹을 누르듯이 붙여준다. - 가모를 붙일 때 속눈썹의 모근에서부터 1~1.5mm를 떨어뜨리고 부착해야 한다. - 붙이면서 가모근이 휘었거나 떠 있는 부분이 있는지 확인한다. 가속눈썹 부착. 속눈썹을 잡은 각도와 가속눈썹이 올라가는 각도 참고	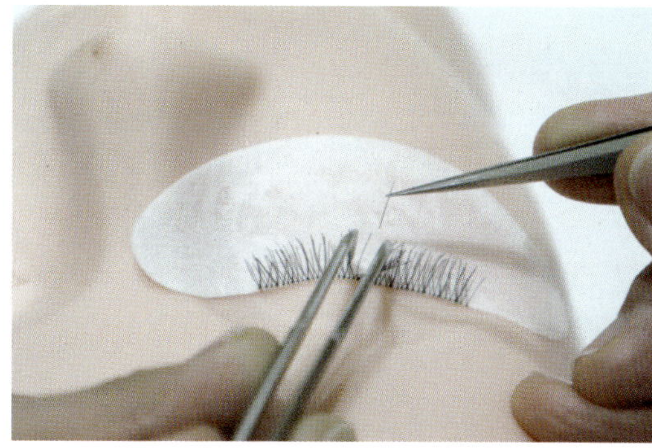
가속눈썹을 올리고 속눈썹 위에 누르듯이 올려주며 1~2초 뒤에 핀셋을 잡은 손에 힘을 풀어 뺀다.	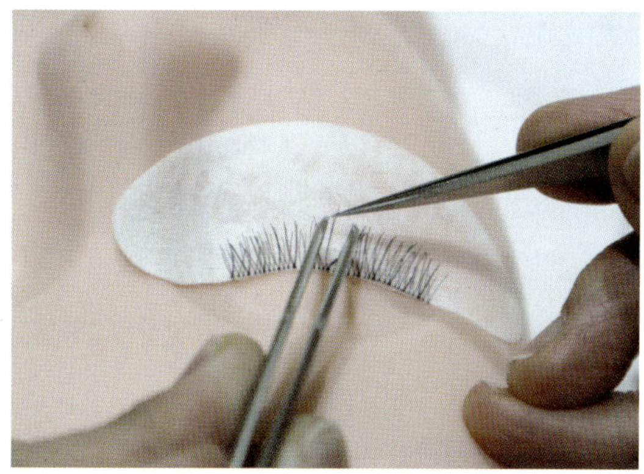

☑ 주의사항

- 피부에 닿거나 피부에 부착하게 될 경우, 이물감을 느끼거나 탈모를 유발할 수 있으므로 주의한다.
- 반대로 너무 멀리 부착할 경우 연장 후 휘어짐이 생기거나 길이가 달라질 수 있다.
- 가속눈썹은 속눈썹의 윗면에 부착하는 것이 가장 유지력이 높다.
- 눈꺼풀이 많이 처진 경우 약지로 윗눈꺼풀을 살짝 누르면 쉽게 시술할 수 있으나, 눈꺼풀이 들려 눈에 자극이 있을 수 있으므로 주의한다.

7) 연장 후 건조 및 정리

(1) 건조

① 송풍기나 부채로 완전건조를 돕는다.
② 브러시를 사용하여 정돈한다.

(2) 확인 및 안내

① 속눈썹이 붙어있거나 엉켜있는지 확인한다.
② 시술자가 눈을 뜨고 있을 때 어색한 부분이 있는지 확인한다.
③ 시술자가 눈을 뜨거나 감았을 때 불편한 부분이 없는지 확인하고 관리법과 주의사항을 상세히 전달한다.

(3) 정리

① 시술이 끝난 뒤 사용한 도구는 알코올로 1차 소독한 후 자외선 소독기에 넣어 보관한다.
② 사용한 일회용품은 바로 버리도록 하고 사용하고 남은 재료들은 오염되지 않도록 개별용기에 보관하거나 수납함에 정리한다.

MEMO

리터치와 제거방법

CHAPTER

6

1. 리터치

1) 리터치 시술기준

속눈썹은 월 평균 2~5mm 자라며 성장 주기를 반복하기 때문에 속눈썹 연장 후 2~3주 뒤에는 속눈썹이 자라나 연장 부분이 밀려나오게 된다. 2mm 이상 밀려나온 경우 가모가 뒤틀리기 쉽고 정돈이 어렵거나 지저분 해지기 쉬우나 리터치 연장을 통해 처음 시술받았던 컨디션으로 유지할 수 있다.

2) 리터치 시술진단 및 과정

① 휘어진 가모, 눈을 찌르거나 처진 가모, 접착력이 약해진 연장 부위, 연장이 떨어진 부분, 속눈썹이 새로 자라난 부분 등을 확인하여 추가적인 연장 위치를 확인한다.

② 시술 후 2주가 지난 경우 속눈썹의 생장주기를 고려하여 리터치를 진행하지 않으며, 속눈썹 연장 제거 후 재시술을 진행하도록 한다.

③ 시술되어 있는 가속눈썹의 컬과 길이, 굵기 등을 확인하고 포인트 길이가 시술된 간격을 고려하여 시술도구를 준비한다.

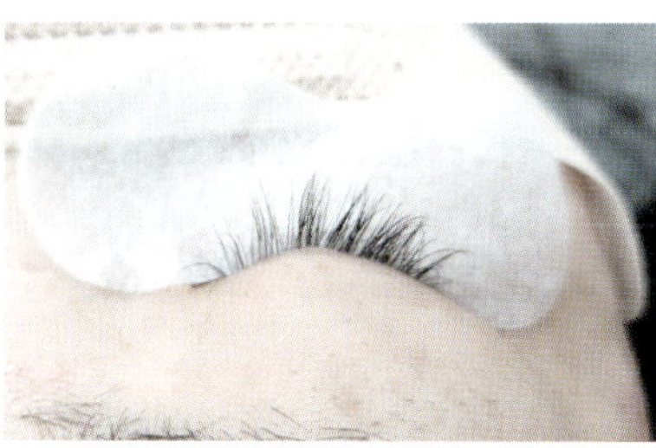

· 리터치가 필요한 경우 ·

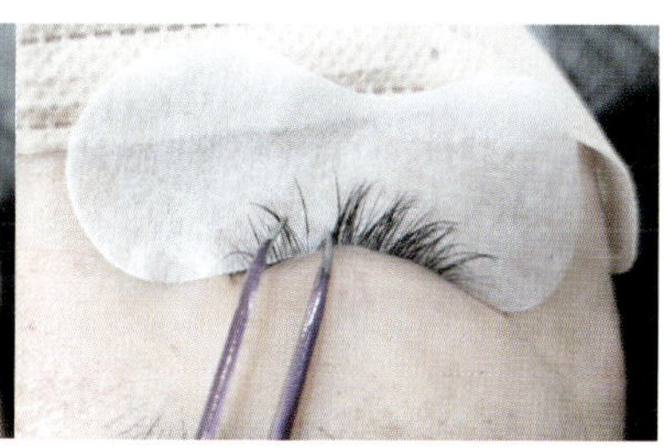

· 리터치가 필요한 경우 ·

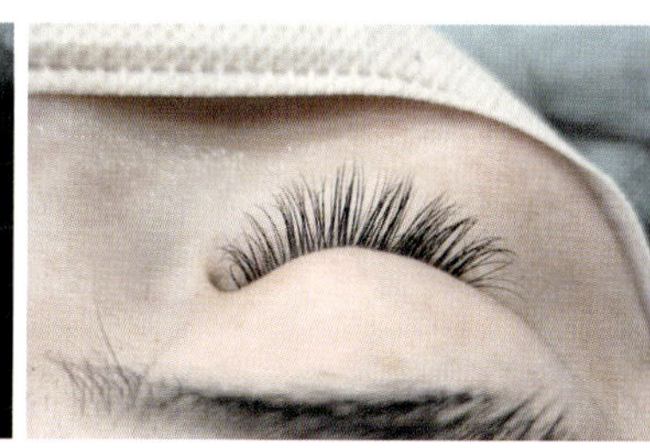

· 리터치 시술 후 ·

Tip!

가속눈썹이 떨어지지 않았으나 많이 자라 나온 경우 핀셋을 이용하여 떼어내고 시술하면 좀 더 밀도 있는 완성도가 나올 수 있다.

2. 속눈썹 연장 제거방법

1) 속눈썹 연장 제거기준

시술 후 2주 이상 지난 경우 속눈썹 성장 주기 중 휴지기를 지나고 있으므로 연장된 속눈썹이 가모와 함께 떨어지기 시작한다. 이때는 리터치로 유지가 불가능하며 남은 가모를 제거하고 다시 속눈썹 연장 시술을 진행해야 한다.

2) 제거방법

(1) 도구준비

아이패치, 리무버, 마이크로면봉(면봉, 핀셋), 젖은 화장솜, 송풍기(부채) 등

(2) 아이패치 부착

① 언더래쉬를 모두 덮을 수 있도록 아이패치를 부착한다.

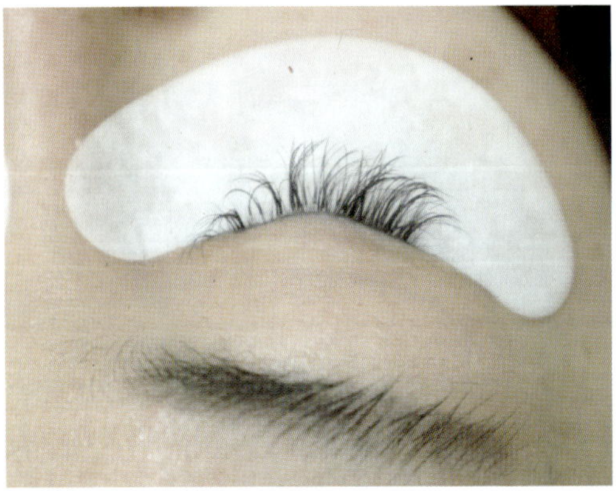

· 아이패치 부착 예시 ·

② 눈두덩의 모근과 주변까지 덮도록 아이패치를 붙이고 다른 한 장을 이용해 가모의 끝 부분을 눈두덩이 위쪽으로 끌어올려 붙인다.

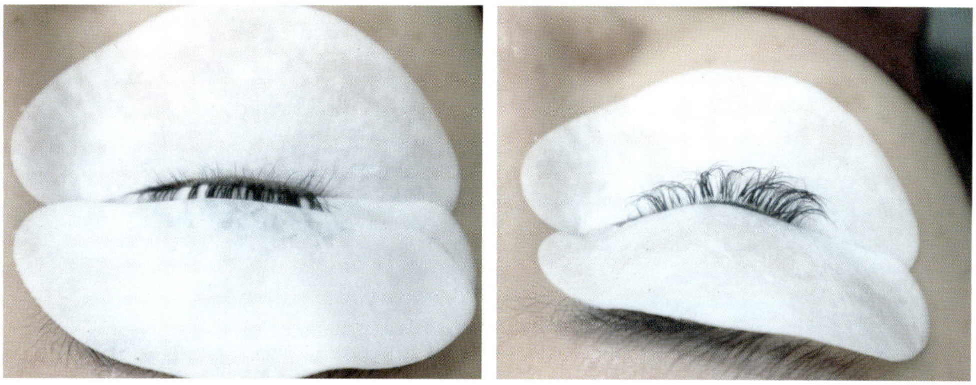

· 아이패치를 겹쳐 붙인 모습. 접착제가 있는 부분에만 리무버를 바를 수 있도록 확보한다. ·

(3) 리무버 도포

① 가모근이 부착된 미용접착제 부위에 리무버를 도포한다.

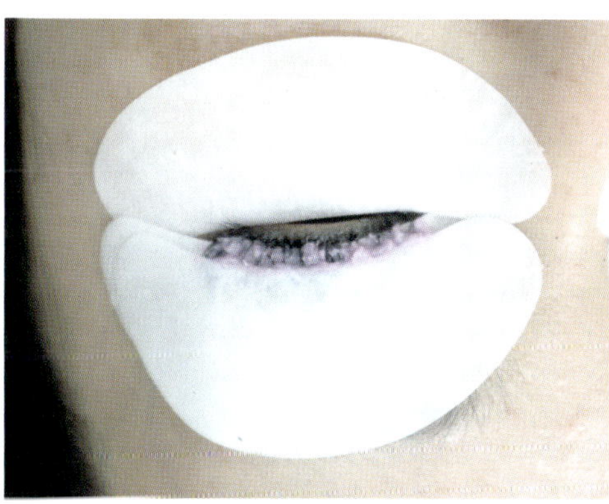

· 아이패치 부착 예시 ·

② 마이크로 면봉을 사용하여 겹쳐있는 가모를 분리하고 리무버를 아이패치 사이로 밀어 넣는다.

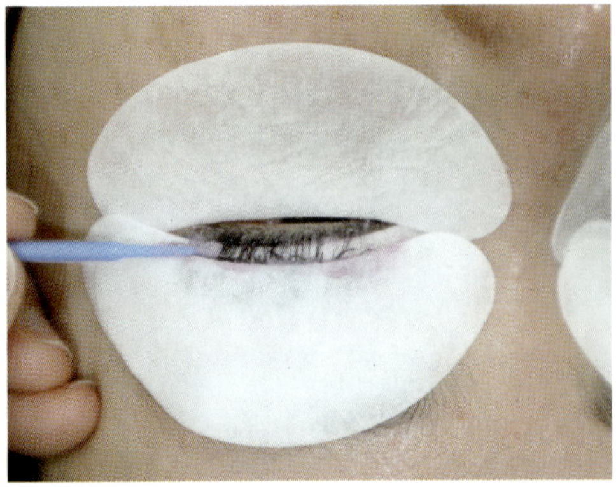

· 아이패치 부착 예시 ·

리무버 도포시 점막에 닿거나 눈에 들어갈 경우 통증과 눈물을 유발할 수 있으므로 주의해야 하며, 눈에 들어간 경우 흐르는 물이나 식염수로 안구를 행궈내야 한다.

---

(4) 제거하기

① 1~2분 경과 후 마이크로 면봉을 사용하여 접착부위에 가볍게 닦아내고 가속눈썹을 분리시킨다.

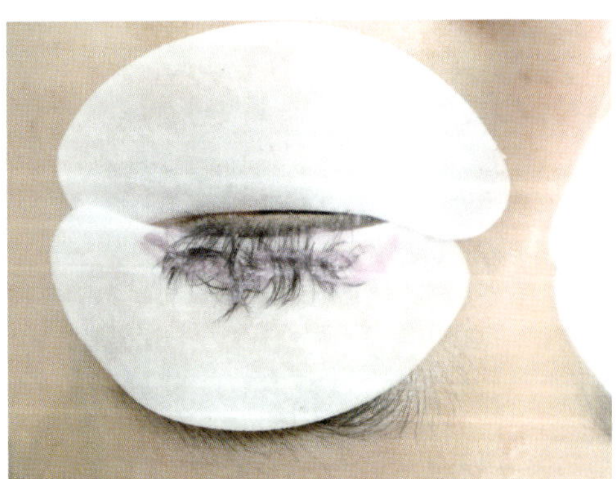

(5) 리무버 닦아내기

① 젖은 화장솜으로 리무버를 닦고 잔여물이 남지 않도록 한다.

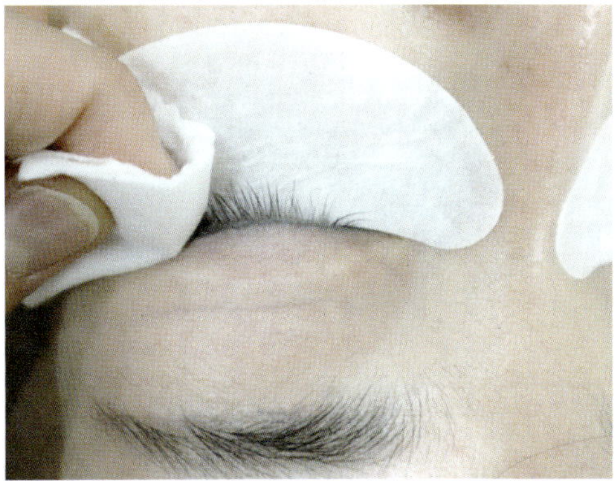

잔여물이 남을 경우 백화현상이 일어나거나 속눈썹 연장 재시술 후 유지력이 떨어질 수 있으니 깨끗하게 닦아내야 한다.

---

(6) 완전 건조

① 송풍기나 부채로 습기를 제거한다.

② 아이패치 제거 후 속눈썹 영양제를 도포하고 마무리한다.

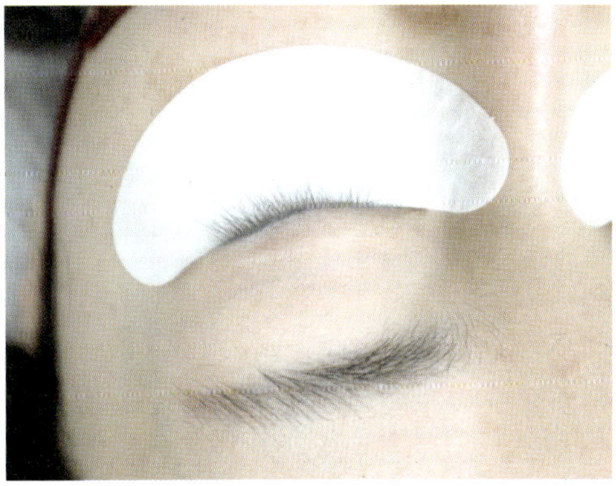

☑ 속눈썹 연장 제거 후에도 남아있는 경우

가속눈썹을 제거 완료했느나 떨어지지 않은 가속눈썹이 있는 경우에는 해당 부위에만 다시 리무버를 도포하여 제거하거나, 핀셋을 활용하여 가속눈썹과 자연 속눈썹을 분리시켜 제거할 수 있다.

핀셋으로 분리하기

두 개의 핀셋으로 가속눈썹과 자연 속눈썹의 모근 부분이나 중심 부분을 각각 잡아 천천히 떼어낸다.

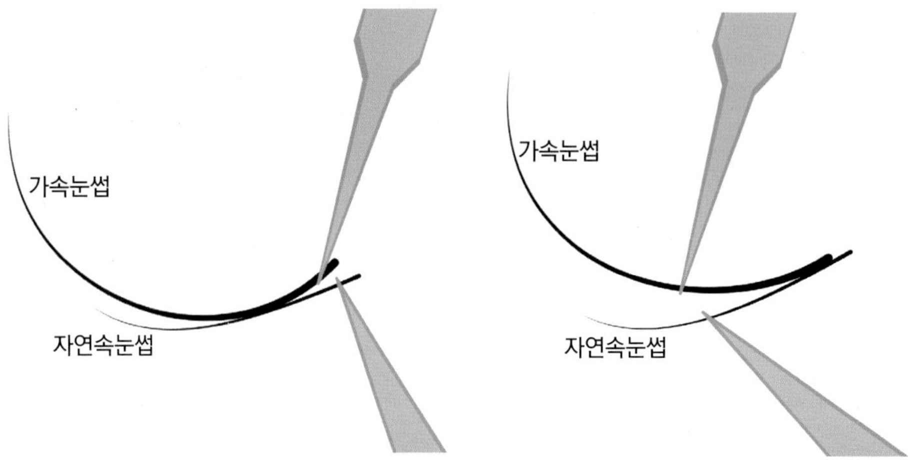

MEMO

CHAPTER

8

속눈썹 연장의 부작용 사례

E y e l a s h C a r e

속눈썹 연장을 시술하는 관리사의 위생과 시술 업체의 위생환경도 부작용 사례를 초래할 수 있다. 피부가 선천적으로 예민한 고객 또는 접촉성 피부염 증상이 있는 경우라면 더 주의해야 한다. 안구 건조증이나 감염 등과 같이 눈에 만성적인 염증이 있거나 글루에 대한 반응이 민감하다면 속눈썹 연장 부작용이 생길 확률이 높다.

1) 가속눈썹이 피부에 부착된 경우

미용접착제가 피부에 닿을 경우 눈의 이물감이 느껴지고 자극, 홍반, 통증, 가려움증, 알레르기 반응을 일으킬 수 있다.

· 가속눈썹이 피부에 부착된 경우 ·

2) 미용접착제 양 조절에 실패한 경우

양 조절이 잘못되어 속눈썹 연장 유지력이 떨어지거나 덩어리로 굳은 미용접착제로 인해 눈에 이물감과 통증을 느낄 수 있다.

3) 과도한 증모시술로 인한 탈모현상

시술한 가속눈썹들끼리 붙거나 뭉침이 있을 때 해당 부위가 함께 빠지면서 발생한다.
짧고 얇은 자연 속눈썹에 과도하게 긴 가속눈썹을 연장할 경우 탈모현상이 발생할 수 있다.

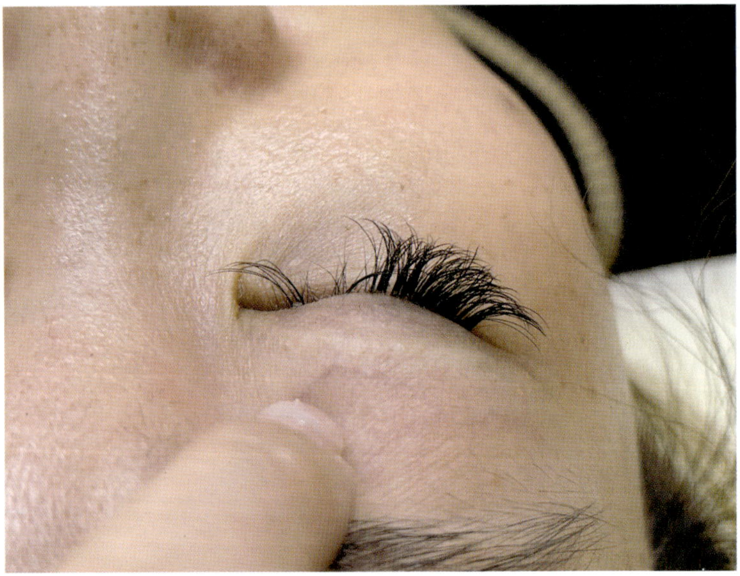

· 속눈썹 탈모 ·

1) 미용접착제 알레르기

미용접착제로 인한 단기적인 눈 시림과 충혈이 있을 수 있으나, 대부분 시간 경과 후 사라지는 현상이며 주원료인 시아노아크릴레이트계는 일반적인 시안계물질과는 다르게 독성이 없으며, 체내에도 축적되지 않고 약 2개월 후 완전히 분해되어 체외로 배출되기 때문에 의료용 접착제로도 사용되고 있다. 또한 접착제가 경화되면서 발생하는 미량의 유해 가스의 경우 24~48시간 안에 완전히 사라진다.

2) 접촉성 피부염

접촉성 피부염이 있어나 피부가 예민한 시술자의 경우 아이패치가 부착된 부위에 알러지반응이 있을 수 있다.
알레르기는 없던 사람도 면역력이 낮거나 컨디션이 저조한 경우 갑작스럽게 발생할 수 있으므로, 시술 전 고객의 컨디션에 항상 주의를 기울여야 한다.

3) 만성 염증

안구건조증이나 감염처럼 눈에 만성적인 염증이 있는 경우 알레르기 반응이 일어나기 쉬우므로 시술 전 진단이 필요하다.

3. 시술 후 잘못된 관리로 인한 부작용

1) 과도하고 잦은 아이메이크업

아이 메이크업을 자주 하는 경우 화장품에 함유된 오일 성분이 유지력을 떨어트린다. 세안 후에도 아이 메이크업 잔여물이 가모에 남아있을 경우 결막염이나 다래끼에 감염되기 쉽다.

2) 속눈썹 연장 후 뷰러 사용

속눈썹 연장 후 뷰러 사용이 잦은 경우 시술 부위에 압력이 가해져 가속눈썹이 떨어지거나 꺾임 현상이 생길 수 있으며, 심한 경우 자연 속눈썹과 함께 부러지거나 빠질 수 있다.

3) 눈을 비비는 습관

연장이 되어있는 상태로 눈을 비비거나 자주 만질 경우 가모가 심하게 변형되거나 견인성 탈모를 유발할 수 있으며, 심한 경우 눈꺼풀 주위나 안구에 손상이 생길 수 있다.

MEMO

CHAPTER

8

속눈썹 연장의 장단점과 주의사항

Eyelash Care

1) 자연스러운 미용효과

속눈썹 연장은 속눈썹의 길이와 숱을 가장 자연스럽게 부각시킬 수 있는 시술이며 마스카라나, 뷰러 사용 없이 선명한 눈매 연출이 가능하다.

2) 고객의 편의

사람에 따라 메이크업에 대한 불편함과 스트레스를 느낄 수 있다. 특히 눈 부위 메이크업은 계절을 타기 때문에 어느 시점마다 수정 메이크업이나, 세안을 번복해야 하는 상황이 생기기 때문이다. 속눈썹 연장은 메이크업에 스트레스를 절감시키며 생활의 편의에 기여한다.
뷰러와 마스카라의 필요성이 줄어든 만큼 메이크업 시간을 단축하며 화장을 하지 않았을 때에도 밋밋하지 않은 민낯으로 생활이 가능하다.

3) 눈매 연출

속눈썹 연장은 시술자의 눈의 형태를 바꾸지 않으면서도 선명하고 또렷한 눈매로 연출이 가능하다.
가속눈썹의 컬과 굵기가 받는 힘을 조절하여 시술자의 기호에 따른 눈매로 완성할 수 있다.

4) 콤플렉스 보완

일반적으로 사람은 양쪽인 비대칭인 경우가 많으나, 심하지 않은 경우 속눈썹 연장으로 비대칭 눈을 보완하는 효과를 줄 수 있다.
비대칭, 안검하수, 외꺼풀 등 시술자가 콤플렉스로 치부하는 본연의 눈매를 속눈썹 연장으로 다르게 보이도록 할 수 있으며, 일시적인 성형 효과 연출이 가능하다.

2. 속눈썹 연장의 단점

속눈썹 연장을 처음 받는 시술자의 경우 눈꺼풀의 무거움을 느낄 수 있으며, 피로감이 들 수 있기 때문에 약 일주일의 적응 기간을 가지는 것이 좋다.

속눈썹 연장을 시술한 상태에서 아이 메이크업을 자주 할 때에는 세안에 유의해야 하며, 점막 부분이 깨끗이 클렌징되지 않았을 경우 안구건조증을 유발할 수 있다.

시술자가 평소에 유분이 많은 스킨케어 제품을 사용하는 경우 미용접착제의 유지력이 약해질 수 있다.

3. 속눈썹 연장 후 주의사항

① 시술 후 최소 3시간 이상 세안을 피하는 것이 좋다.

② 클렌징 오일 등 유분이 많은 세안제 사용 시 유지 기간이 줄어들 수 있으므로 워터 타입 세안제 또는 클렌징 티슈를 사용하는 것이 좋다.

③ 세안 후 틀어진 가속눈썹을 가지런하게 빗질해주는 것이 좋다.

④ 뷰러 사용은 하지 않는 것이 좋고, 마스카라는 수용성으로 사용하는 것이 좋다.

⑤ 수영, 사우나, 땀나는 운동 등은 유지력을 약하게 한다.

⑥ 연장 후 눈을 비비거나 속눈썹을 뜯는 행동은 하지 않는다.

MEMO

PART

심화과정

CHAPTER

1

속눈썹 관리사 심화과정

E y e l a s h C a r e

본 과정은 속눈썹관리사의 자격증 취득 목표가 아닌, 관리사가 되어 이후 속눈썹관리사 강사를 계획하거나 개인 관리실을 운영 또는 관리실 취업 시 유용하게 사용할 구체화된 이론을 소개한다.

심화과정에서 다양한 디자인뿐만 아니라 연구 및 개발 끝에 안정성이 확보되어 자리잡은 기술, 개인 관리실 운영 노하우, 시술자 진단 시 필요한 안목과 특수 눈매 디자인 및 교정법까지 실무에서 만날 다양한 예시를 간접적으로 체험할 것이며, 본격적으로 속눈썹관리사로 활동하기 앞서 탄탄한 디딤돌 역할을 할 것이다.

1. 속눈썹 관리사 심화과정

1) 경력 개발

공인 속눈썹 연장 강사가 됨으로써 미용업계에서 특수한 경력을 쌓을 기회를 얻으며, 예비 관리사를 가르치고 속눈썹 연장 아카데미를 열 수 있는 전문지식과 기술을 갖춘다.

2) 수익 증대

강사로서 교육 세션 및 워크숍을 진행하며 연계 교육기관 및 협회 아카데미에 비용을 청구할 수 있으며, 속눈썹관리사 활동 외의 수익을 가질 수 있다.

3) 고객 기반 확대

교육 과정을 제공할 수 있는 전문가로 거듭날 경우 속눈썹 연장에 관심이 있는 고객을 유치할 수 있다. 또한 다른 미용 전문가와 네트워크를 형성하고 더 많은 정보와 기술을 습득할 인프라를 갖춘다.

4) 신뢰와 평판 구축

속눈썹관리사 강사 과정을 이수하여 공인 강사로 활동한 경험이 축적된다면 동종 업계에서 개인의 신뢰와 평판을 긍정적으로 구축할 기회를 얻을 수 있다.

5) 업계 동향 파악

넓은 활동 범위로 다져진 인프라는 끊임없이 발전하는 미용업계의 새로운 지식과 기술을 습득하는 것에 도움을 주며 얻어낸 정보의 객관성을 판단하여 수집할 수 있게 된다. 또한 시류에 맞는 동향과 그에 따른 안전조치의 주기적인 업데이트가 가능해지며, 이를 통해 고객과 학생에게 높은 서비스와 교육을 제공하게 된다.

MEMO

속눈썹 연장 디자인

CHAPTER

2

EyelashCare

학습목표

속눈썹 연장의 시초부터 지금까지 다양한 시도를 거듭하며 정립된 속눈썹 연장의 여러 가지 디자인을 알아보고 디자인에 따른 연장 시술 방법을 익힌다.

1. 가상의 선

사람의 눈은 형태가 모두 다르나 형태에 따른 오차범위를 감안하여 비율을 추측한다면 완성될 디자인의 예상이 가능해진다. 가상의 선을 활용하여 기준점을 잡고 디자인마다 포인트가 되는 구간을 측정하여 연장할 경우 희망하는 디자인으로 완성된다.

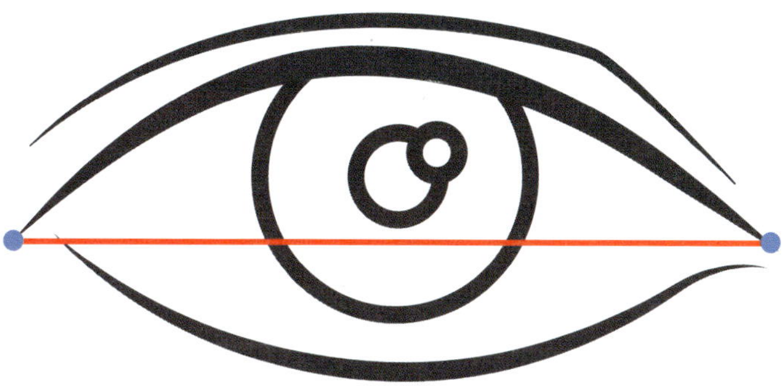

· 가상의 선 그림 예시. 오른쪽 눈 ·

Tip!

가상의 선은 속눈썹 연장 시 관리사의 편의를 위해 만든 기준이며 초보자가 시술 시 기준점을 잡아 신속하고 정확한 판단을 내리는 데 도움을 준다.
단, 사람마다 눈의 형태가 모두 다르기 때문에 가상의 선이 절대적인 기준이 되기는 어려우며 숙련자의 경우 가상의 선의 필요성을 느끼지 않는다.

Tip!

디자인 유형
이 장에 나와 있는 디자인 유형들은 모두 실무에서 적극 활용되고 있는 디자인이며, 학습하여 익힐 경우 시술자들의 다양한 눈매에 가장 적합한 디자인으로 시술이 가능하다.

1) 기준점 찍는 법

(1) 눈물점이 있는 눈의 앞머리에서부터 눈의 꼬리까지 연결하는 가상의 선을 그어 삼등분한다.

(2) 나눈 기준에서부터 윗눈꺼풀 속눈썹의 모근까지 수직으로 연결하여 해당 부분을 표시한다.

(3) 나눠진 구간을 눈의 앞머리에서부터 차례대로 번호를 매긴다.

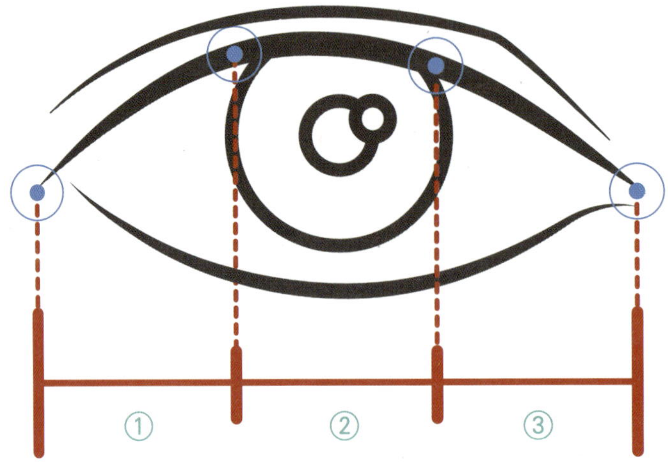

· 오른쪽 뜬 눈 그림 예시. 눈꼬리가 포함된 구간은 항상 마지막 번호 ·

- • 기준점
- ○ 오차범위
- ○ 구간
- ★ 속눈썹이 자라난 방향

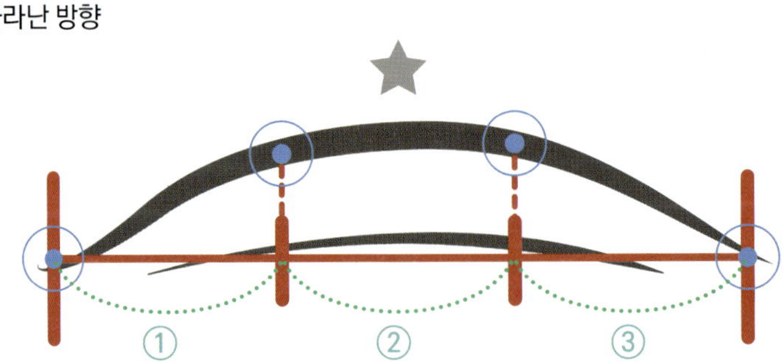

· 오른쪽 감은 눈 그림 예시 ·

Tip!

1. 고객의 눈의 형태가 모두 다르다는 점을 감안하여 진단 시 눈의 크기와 길이, 동공이 보이는 정도 등을 확인해야 한다.
2. 눈의 형태가 확인된 후 가장 잘 어울리는 디자인이나 고객의 희망사항에 따라 디자인을 채택한다.

2) 가상의 선 적용

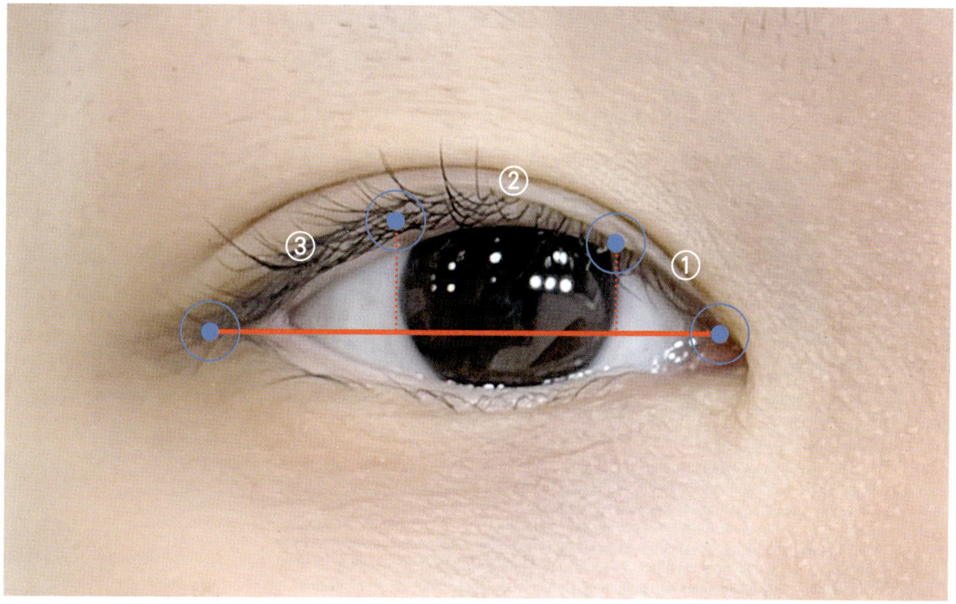

· 왼쪽 눈 사진 예시 ·

①번 구간은 눈의 앞머리에서 가장 짧은 길이로 시작하고 뒤로 갈수록 가속눈썹의 메인 길이까지 점진적으로 길어지며 사이즈를 연결해주는 구간이다.

②번 구간은 동공이 포함된 눈의 가장 가운데 부분으로 베이직과 탑 포인트(Top Point Shape) 디자인은 이 부분을 기준으로 포인트 길이의 가속눈썹이 들어간다.

③번 구간은 눈의 꼬리 부분까지 이어지는 구간으로 해당 부분에 포인트 길이를 연장할 경우 꼬리포인트(테일 포인트 / Tail Point Shape) 형태의 디자인으로 완성할 수 있다.

3) 사람에게 시술 시 주의사항

(1) 4~5가지의 길이(mm)를 섞어 연장한다.

(2) 마네킹에 시술했던 기준을 사람(고객)에게 대입하지 않는다.

(3) 사람(고객)에게 직접적으로 시술할 때에는 눈의 형태, 속눈썹의 단차, 고객의 희망사항 등을 고려해야 한다.

4) 속눈썹 연장의 두 가지 기법

가속눈썹 연장 시 크게 두 가지 연장 기법이 있다. 하나는 가속눈썹의 길이(mm)들을 섞어서 연장하는 '인터벌' 기법과 다른 하나는 가속눈썹을 섞지 않고 디자인에 따라 길이를 순차적으로 연장하는 '원바이원' 방법이 있다.

두 가지 방법 모두 실무에서 적극 활용하는 방법이지만, 같은 디자인이라도 완성된 모습이 다르기 때문에 여기에서는 간단히 설명하도록 한다. 각각의 장점들이 있으나 본서에서는 자연스럽게 완성되는 '인터벌' 기법을 중점으로 소개한다.

(1) 인터벌 익스텐션

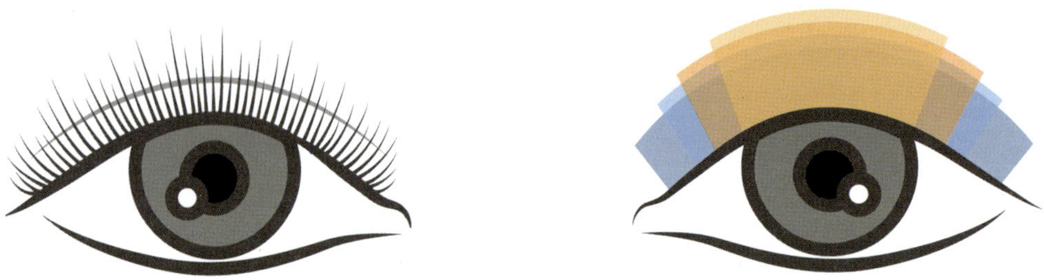

연장할 4~5가지의 mm를 섞어 연장하는 기법으로 선정한 섹션(컬러로 지정한 영역)에 따라 포인트, 메인, 밀도를 주는 길이를 각각의 여백을 두어 시술한다.

디자인의 형태가 정확하게 보이지 않으나 보다 자연스럽게 완성되며, 자연속눈썹이 가지고 있는 단차를 자유롭게 활용 가능하다.

(2) 원바이원 익스텐션

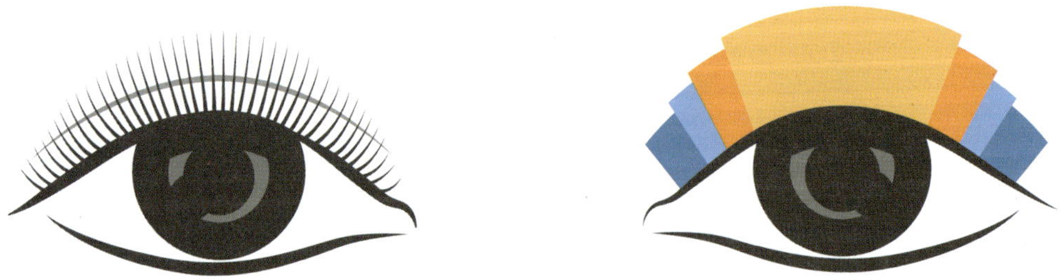

연장할 4~5가지의 mm를 섞지 않고 포인트를 줄 섹션에 가장 긴 mm의 가속눈썹을 연장하여 눈의 앞머리와 꼬리부분까지 점층적으로 짧은 길이를 연결하여 실루엣이 자연스럽도록 완성하는 기법이다.

원바이원 익스텐션은 디자인의 형태가 온전히 보이는 매력이 있는 시술 방법이며, 자연스러움보다는 선명하고 정갈한 형태로 완성되는 것이 특징이다.

5) 연장 기법의 활용도

앞에서 설명한 대로 가속눈썹 연장 기법은 크게 두 가지가 있고, 관리사의 시술 방향성과 취향에 따라 기법을 섞거나 다양한 방식으로 연장이 가능하다. 또한 윗속눈썹 연장뿐만 아니라 아래속눈썹 연장 시에도 충분히 활용할 수 있다.

2. 디자인의 종류

1) 부채꼴 디자인 / Fan shape

다섯가지 길이를 섞어서 연장하여 부채꼴의 형태로 완성되는 디자인을 말한다. 시술 후 눈이 가장 크게 보이며 대중적으로 가장 잘 어울리는 디자인이다.

(1) 시술방법

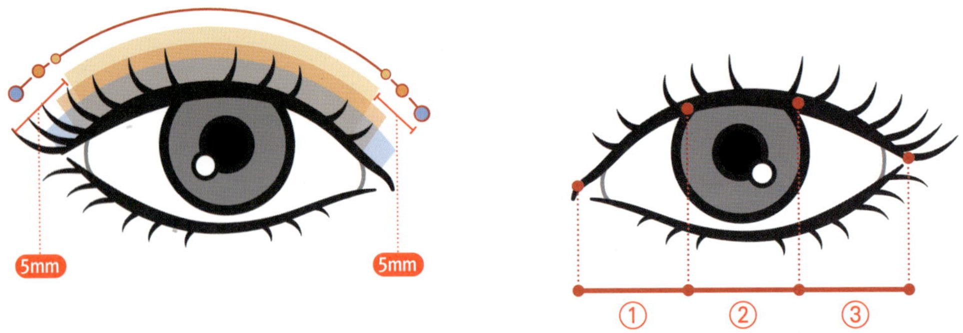

· 연장구간 정면, 뜬눈 그림 예시 ·

· 연장구간 감은눈 그림 예시. 속눈썹 방향 ·

- 다섯 가지 길이 중 포인트 길이(가장 긴 mm)를 넣는 구간으로 눈의 앞머리와 꼬리에서 5mm 안쪽에서부터 연장한다.
- 사이에 다른 mm를 섞어 연장해야 하므로 일정 간격을 두고 가속눈썹을 붙인다.

- 포인트 길이 다음으로 긴 두 가지 mm를 연장하는 구간으로 포인트 길이와 가장 짧은 길이를 자연스럽게 연결하는 역할을 한다.
- 포인트 길이를 기준으로 사이사이에 붙여야 하며 가장 짧은 두 가지 길이를 연장할 여백을 남겨 두어야 한다.

- 다섯 가지 길이 중 짧은 두 가지의 mm를 연장하는 구간으로 속눈썹 연장에서 밀도를 담당한다.

☑ Point

- 마네킹과 달리 사람에게 시술 시 자연 속눈썹 개수와 단차를 파악하고 연장할 가속눈썹의 개수를 mm별로 나눠야 한다.
- 자연 속눈썹 진단 시 관리사가 눈으로 개수를 세기에 어려움이 있기 때문에 가상의 선을 활용하여 나눠둔 영역에 따라 자연 속눈썹을 파악한다.

(2) 모델 시술 사진 예시

① 부채꼴형 인터벌 익스텐션

예시 1

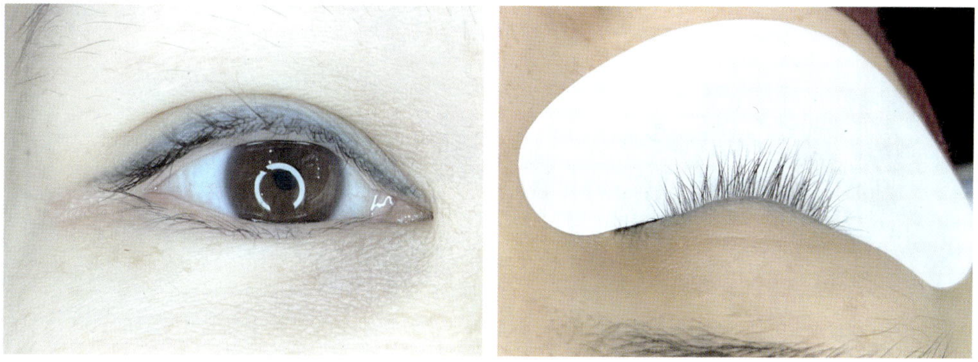

· 시술 전. 오른쪽 눈 정면/오른쪽 감은 눈 ·

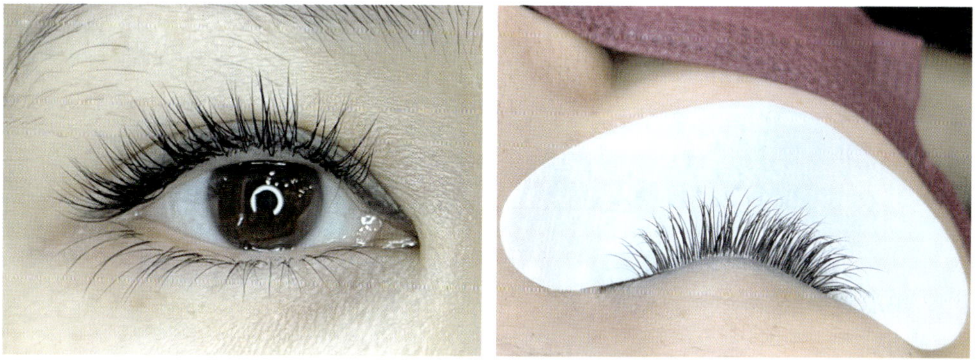

· 시술 후. 오른쪽 눈 정면/오른쪽 감은 눈 ·

예시 2

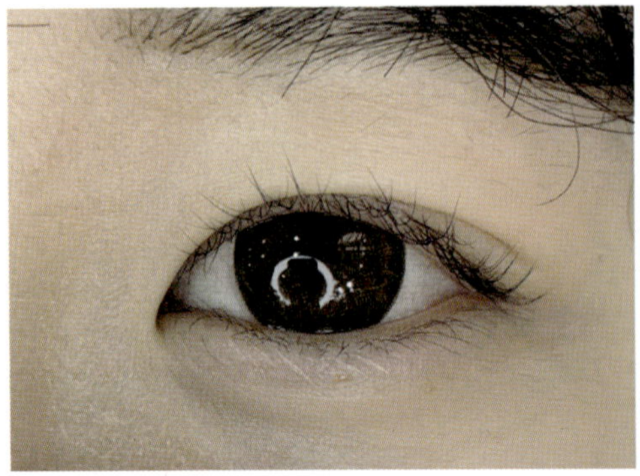

· 시술 전. 왼쪽 눈 ·

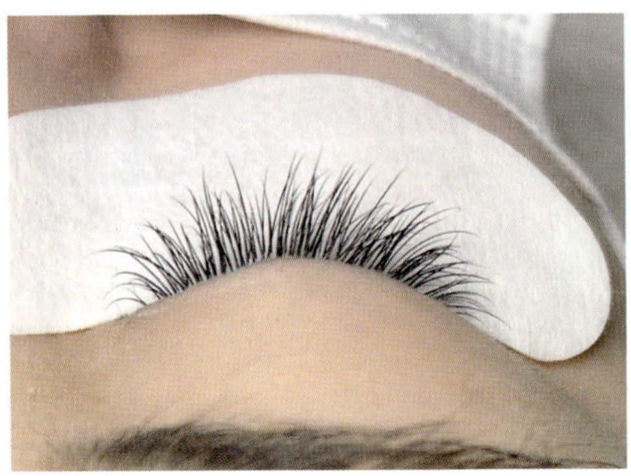

· 시술 후. 왼쪽 눈 ·

② 부채꼴형 원바이원 익스텐션

예시 1

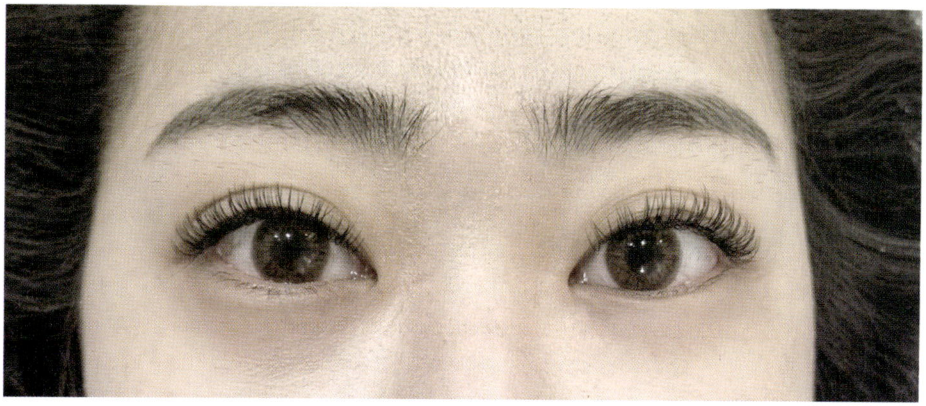

· 시술 후 장면 ·

예시 2

· 시술 후 ·

2) 내추럴 디자인 / Natural Shape

일반적으로 가장 많이 사용하는 무난한 디자인으로 교정이 필요하지 않은 고객의 눈에 길이와 컬을 이용 활용하여 전체적으로 또렷하고 크게 보이도록 시술할 수 있다.

(1) 시술 방법

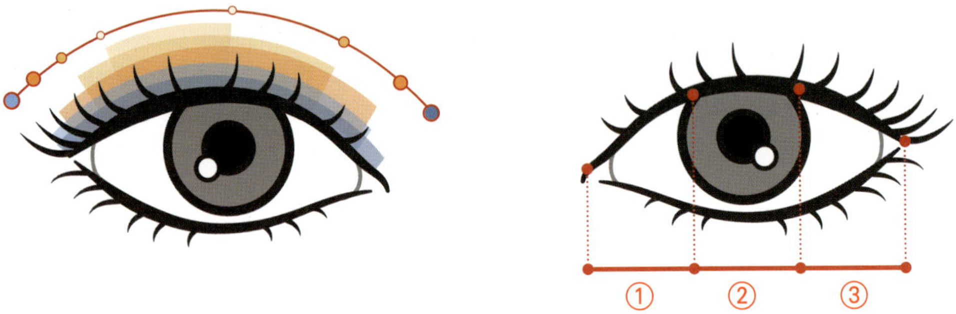

· 연장구간 정면, 뜬눈 그림 예시 ·

· 연장구간 감은눈 그림 예시. 속눈썹 방향 ·

- 시술할 가속눈썹의 길이 중 포인트 길이(가장 긴 mm)를 연장하는 곳으로 ③ 구간을 집중적으로 연장하나 사이사이에 다른 길이를 연장할 간격을 둔다.

- 포인트 길이 다음으로 긴 가속눈썹을 연장하는 곳으로 해당 구간과 포인트 길이가 있는 곳을 포함하여 사이사이에 연장한다.
- 포인트가 연장된 구간을 포함하여 ② 구간의 약 1~2mm를 추가적으로 연장한다.

- 해당 구간은 포인트와 밀도를 자연스럽게 연결해주는 메인 구간으로 시술받는 고객의 눈에서 메인 길이가 된다.
- 눈꼬리 ③ 구간에서부터 ① 구간까지 1~2mm 침범하여 연장한다.

- 속눈썹 연장에서 밀도를 담당하는 구간으로 전체적으로 고루 들어가도록 연장한다.
- 시술할 가속눈썹의 길이 중에서 가장 짧은 길이가 들어가는 구간이며 눈의 앞머리에서부터 꼬리까지 전체적으로 들어간다.

(2) 모델 시술 사진 예시

① 내추럴형 인터벌 익스텐션

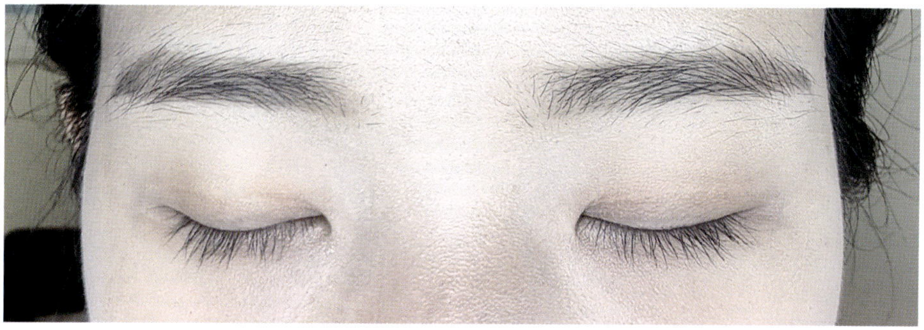

· 시술 전 ·

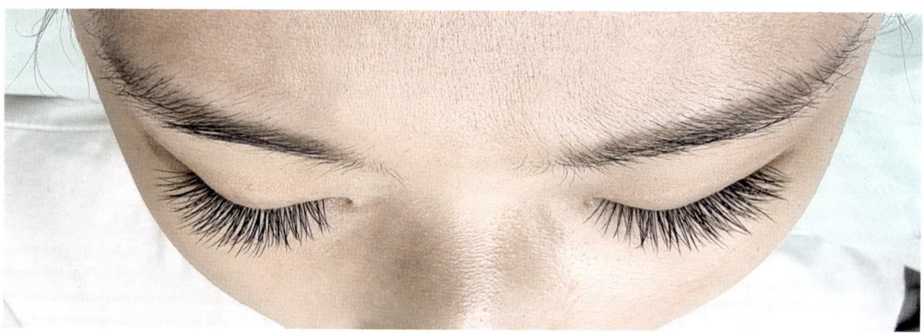

· 시술 후 ·

② 내추럴형 원바이원 익스텐션

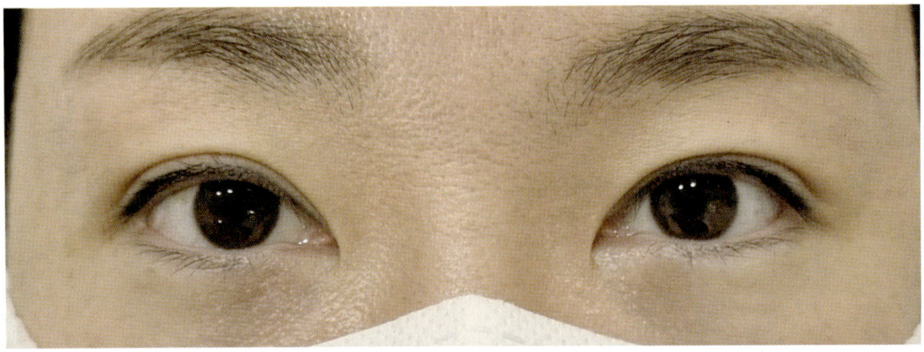

· 시술 전 ·

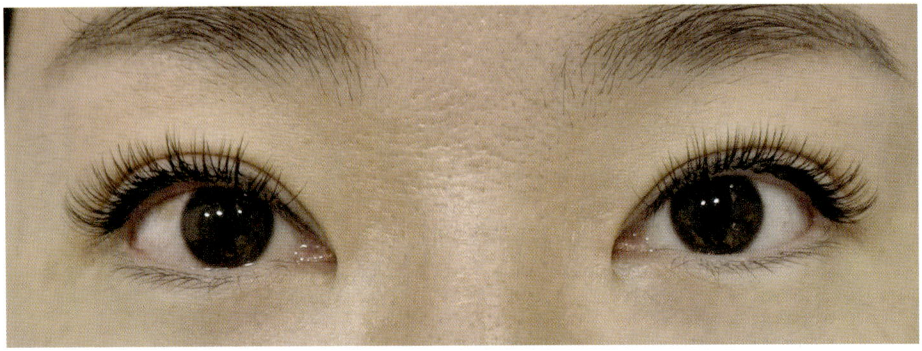

· 시술 후 ·

3) 탑포인트 디자인 / Top Point Shape

눈의 중심(② 구간)에 포인트 길이를 연장하여 동공 부분이 확장되어 보이도록 하고 전체적으로 눈이 동그랗게 귀여운 느낌으로 완성된다.

(1) 시술 방법

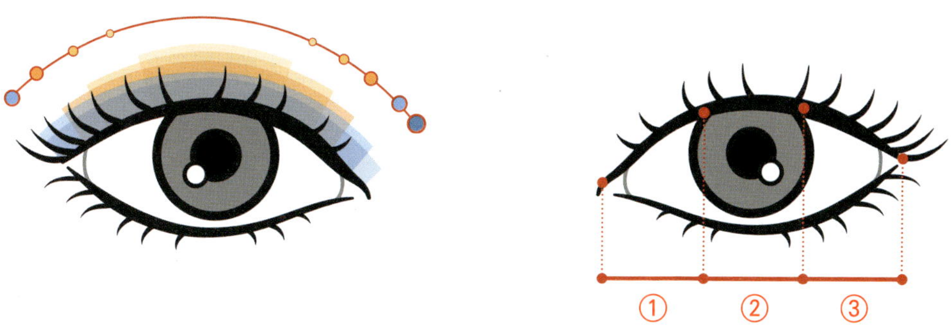

· 연장구간 정면, 뜬눈 그림 예시 ·

· 연장구간 감은눈 그림 예시. 속눈썹 방향 ·

- 시술할 가속눈썹의 길이 중 포인트 길이(가장 긴 mm)를 연장하는 곳으로 홍채를 덮는 (② 구간)에서 양쪽으로 0.5~1mm 침범하여 연장한다.

- 포인트 길이 다음으로 긴 가속눈썹을 연장하는 곳으로 해당 구간과 포인트 길이가 있는 곳을 포함하여 사이사이에 연장한다.

- ①, ③ 구간에 연장하는데 ② 구간을 포함한 양쪽으로 2~3mm를 연장한다.
- 해당 구간은 포인트와 밀도를 자연스럽게 연결해주는 메인 구간으로 시술받는 고객의 눈에서 메인 길이가 된다.
- ①, ③ 구간에 연장하는데 ② 구간을 포함한 양쪽으로 3~5mm를 연장한다.

- 속눈썹 연장에서 밀도를 담당하는 구간으로 전체적으로 고루 들어가도록 연장한다.
- 시술할 가속눈썹의 길이 중에서 가장 짧은 길이가 들어가는 구간으로 밀도를 담당하나 눈의 앞머리에서 이물감이 느껴지지 않도록 연장해야 한다.

(2) 모델 시술 사진 예시

① 탑 포인트 형 인터벌 익스텐션

· 시술 전후 ·

② 탑 포인트 형 원바이원 익스텐션

· 시술 전후 정면 ·

4) 꼬리 포인트 디자인 / Tail Point Shape

동공이 끝나는 점부터 눈꼬리로 갈수록(③ 구간) 길어지는 형태의 디자인으로 눈이 옆으로 길어 보이는 효과가 있으며, 눈길이가 짧거나 미간이 좁은 눈에 시술 시 효과적이다.

(1) 시술 방법

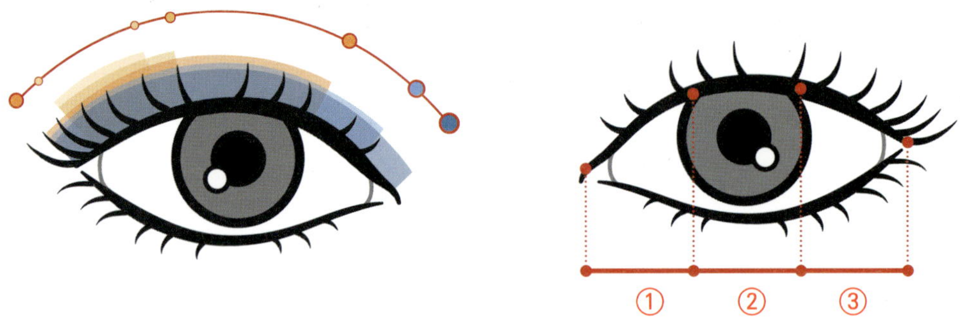

· 연장구간 정면, 뜬눈 그림 예시 ·

· 연장구간 감은눈 그림 예시 · 속눈썹 방향 ·

- 시술할 가속눈썹의 길이 중 포인트 길이(가장 긴 mm)를 연장하는 곳으로 ③ 구간을 집중적으로 연장하나 사이사이에 다른 길이를 연장할 간격을 둔다.

- 포인트 길이 다음으로 긴 가속눈썹을 연장하는 곳으로 해당 구간과 포인트 길이가 있는 곳을 포함하여 사이사이에 연장한다.
- 포인트가 연장된 구간을 포함하여 ② 구간의 약 1~2mm를 추가적으로 연장한다.

- 해당 구간은 포인트와 밀도를 자연스럽게 연결해주는 메인 구간으로 시술받는 고객의 눈에서 메인 길이가 된다.
- 눈꼬리 ③ 구간에서부터 ① 구간까지 1~2mm 침범하여 연장한다.

- 속눈썹 연장에서 밀도를 담당하는 구간으로 전체적으로 고루 들어가도록 연장한다.
- 시술할 가속눈썹의 길이 중에서 가장 짧은 길이가 들어가는 구간이며 눈의 앞머리에서부터 꼬리까지 전체적으로 들어간다.

(2) 모델 시술 사진 예시

① 꼬리 포인트 형 인터벌 익스텐션

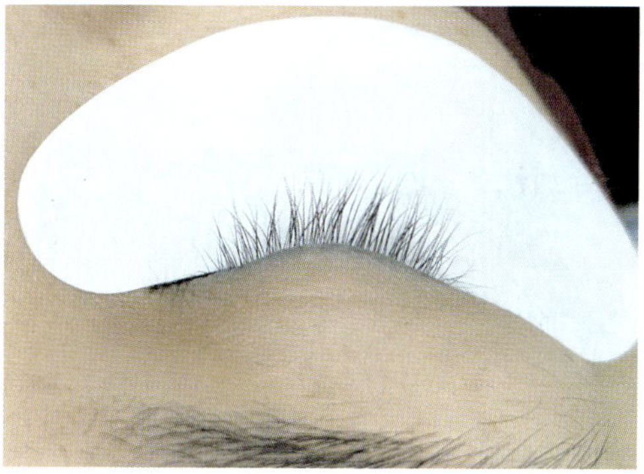

· 시술 전 ·

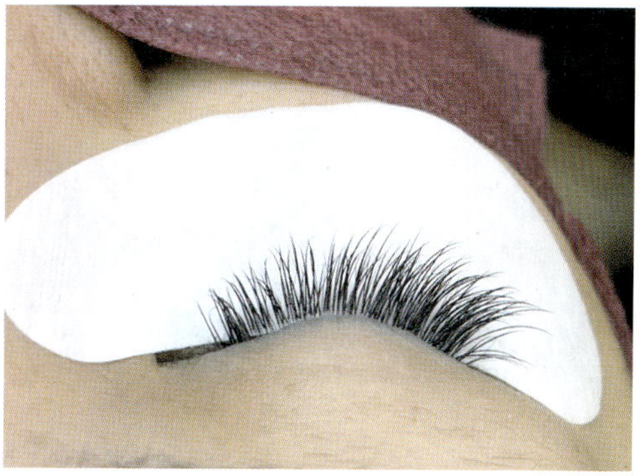

· 시술 후 ·

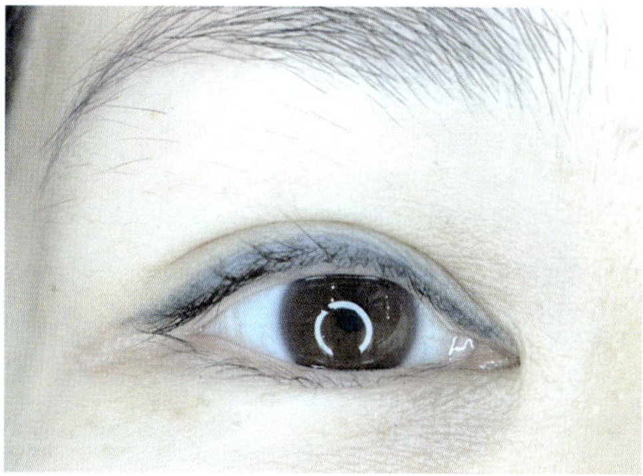

· 시술 전 ·

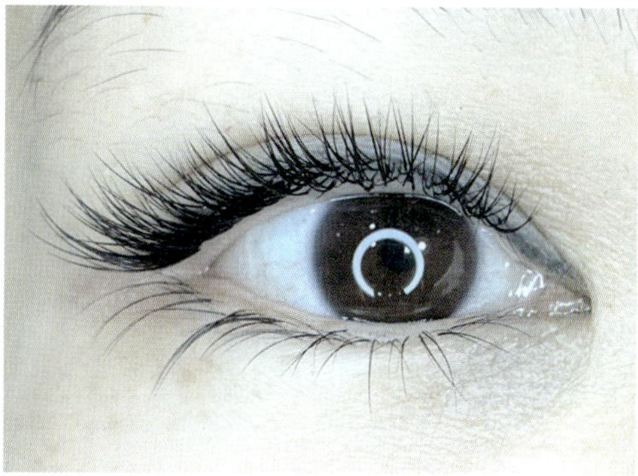

· 시술 후 ·

② 꼬리 포인트 형 원바이원 익스텐션

예시 1

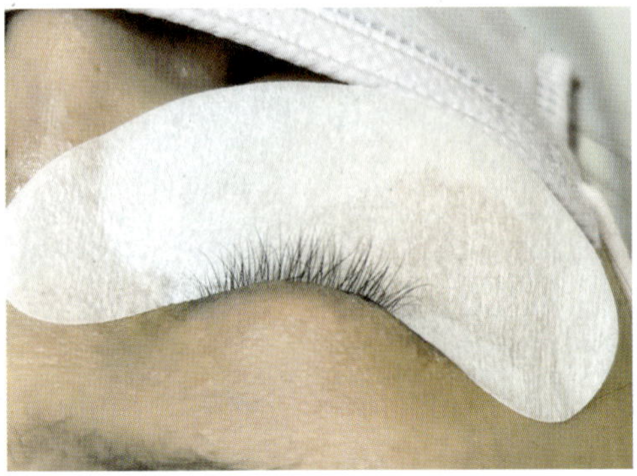

· 연장 전 ·

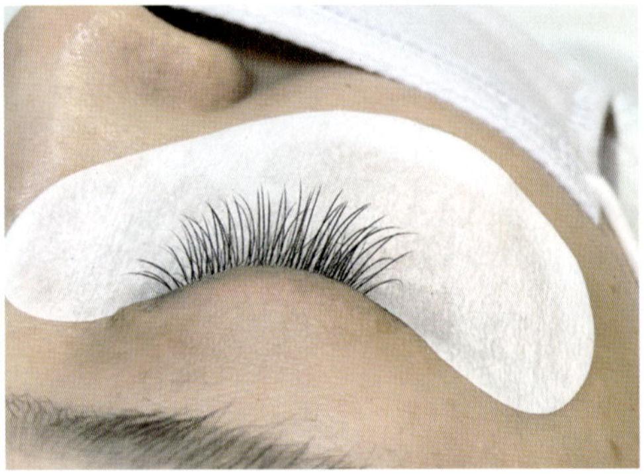

· 연장 후 ·

예시 2

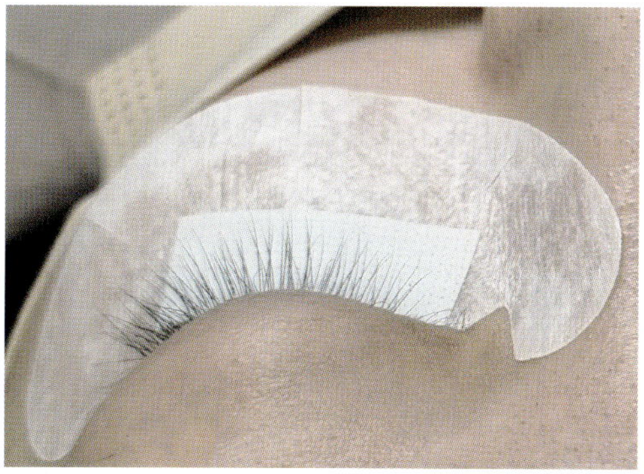

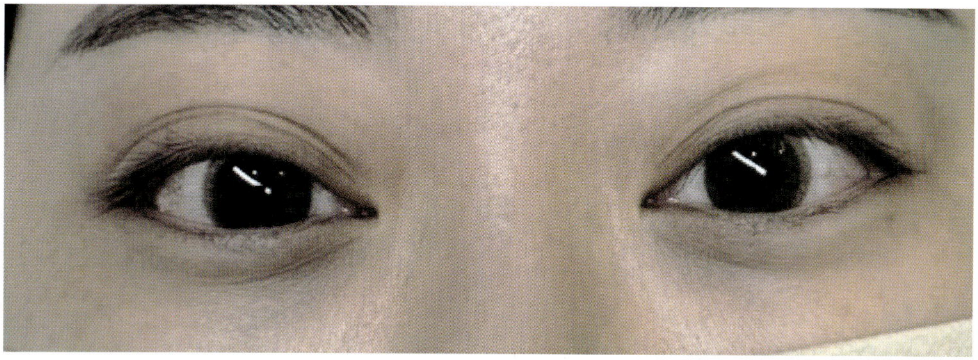

· 연장 전 ·

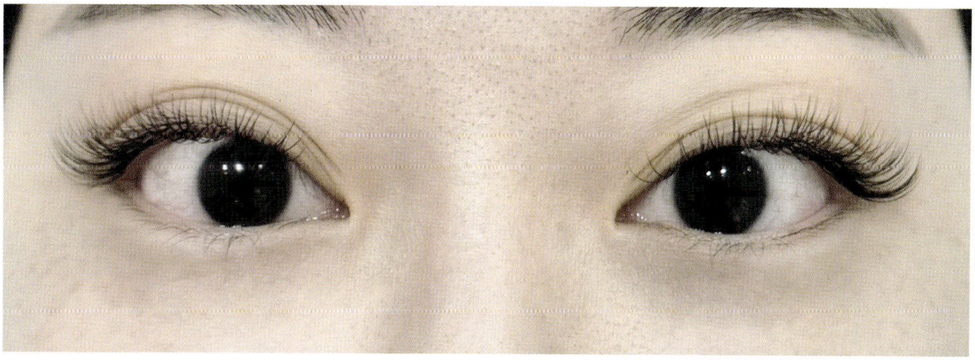

· 연장 후 ·

5) 인터벌 디자인

인터벌 디자인 속눈썹 연장은 자연스러운 형태와 일정한 간격, 정돈된 마무리를 선호한다.

컬	길이(mm)	가속눈썹 개수	형태(완성 모습)
J	8-12	60개	부채꼴형

① 연장한 가속눈썹은 모근에서부터 3~5mm에 미용접착제를 묻혀 속눈썹과 닿는 면적을 넓게 붙여야 하며, 모근에서 1~1.5mm 띄워 시술해야 한다.

② 연장 완료 후 브러시를 했을 때 떨어져 나가는 것이 없어야 한다.

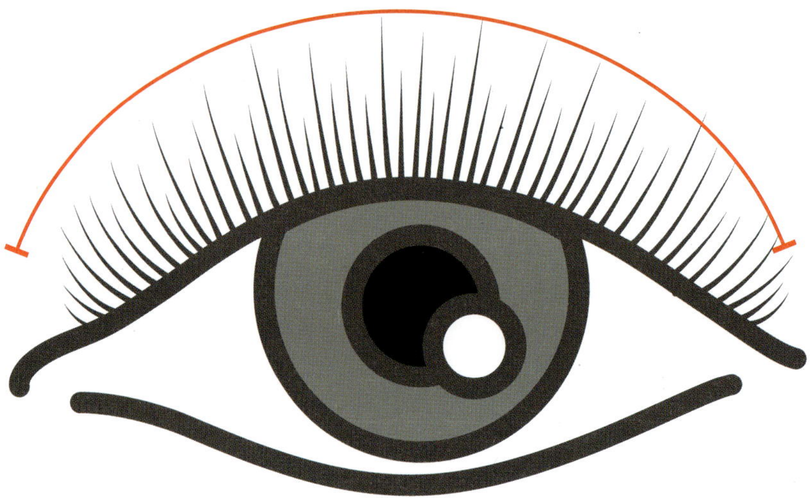

· 완성 모습 ·

6) 인터벌 디자인 시술

(1) 가속눈썹, 12mm, 8개

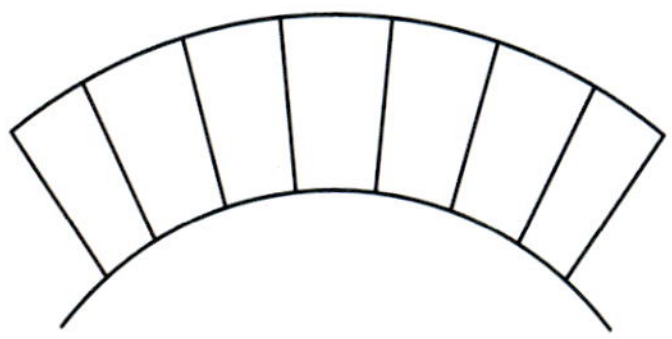

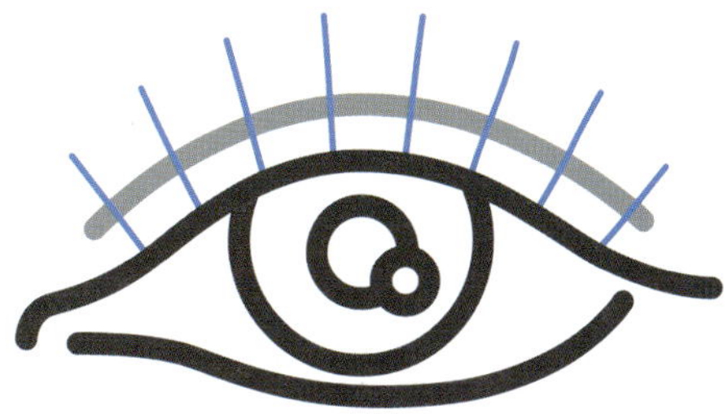

① 가속눈썹은 가장 긴 길이부터 차례대로 시술한다.

② 눈의 앞머리와 꼬리 부분을 5mm씩 남겨두고 일정한 간격을 맞춰 연장한다.

(2) 가속눈썹, 11mm, 9개

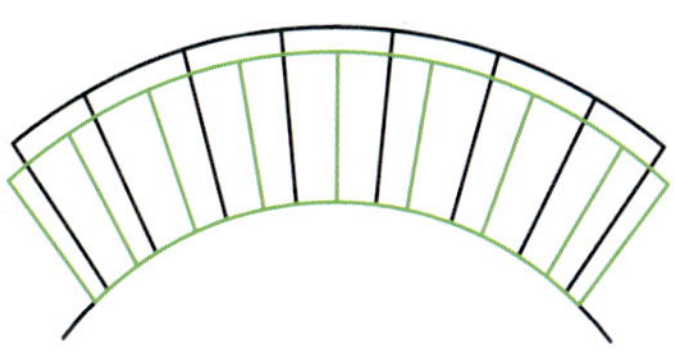

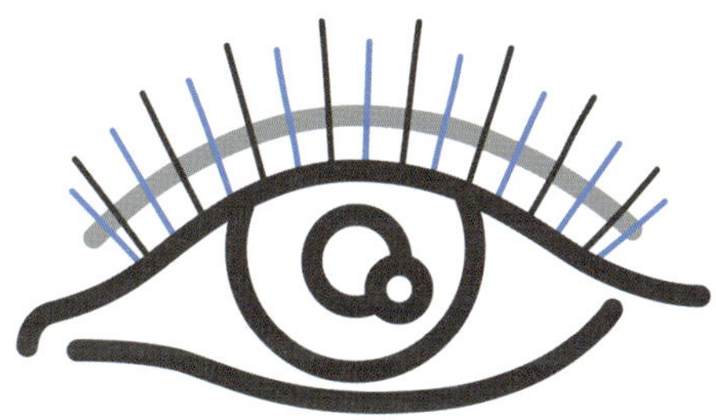

① 먼저 시술한 12mm 사이에 긴 순서대로 채워나간다.

② 이때 제외한 5mm를 포함시켜 시술한다.

(3) 가속눈썹, 10mm, 10개

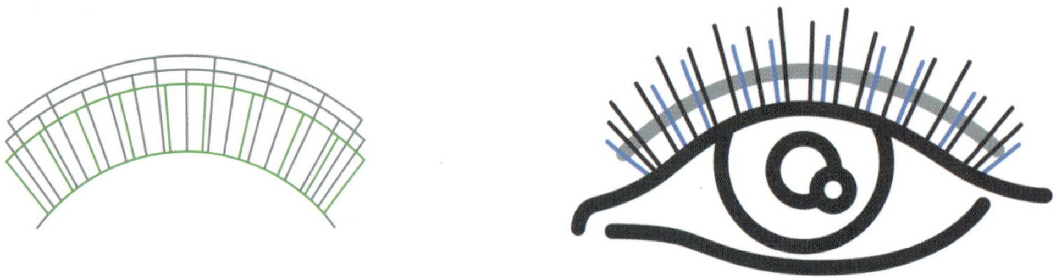

(4) 가속눈썹, 9mm, 11개

(5) 가속눈썹, 8mm, 12개

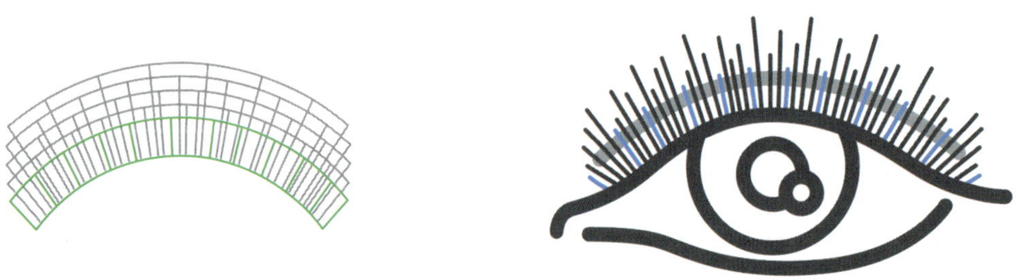

속눈썹 한 가닥에 가속눈썹 한 가닥씩 정확하게 연장하며 엉킴이 없어야 한다.

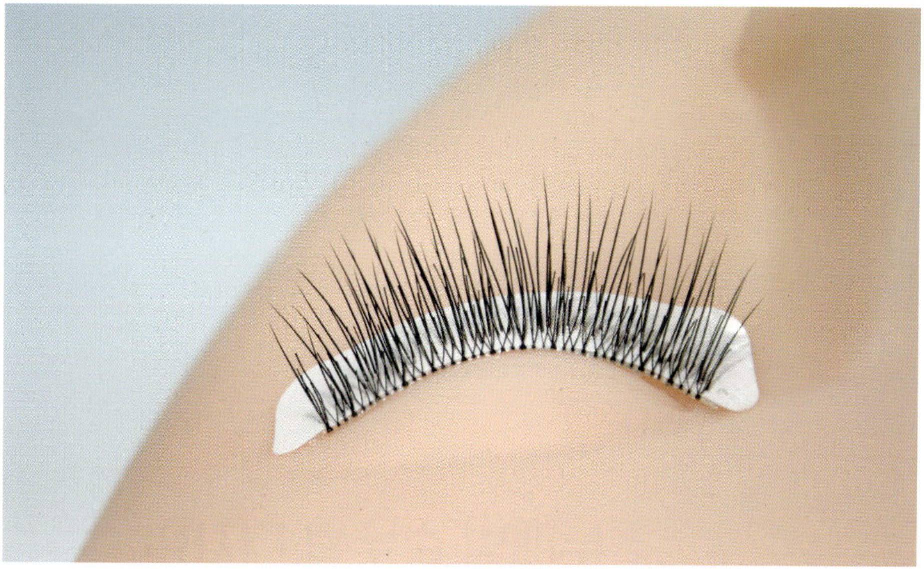

· 인터벌 디자인 완성 예시 ·

CHAPTER

3

눈매별 속눈썹 디자인

1. 눈매별 디자인 방법

학습목표

다양한 눈매에 따라 가장 잘 어울리는 적절한 디자인을 알아보고 기본적인 네 가지 디자인을 응용하여 눈매별 연장 테크닉을 기른다.

1) 둥근 눈과 가는 눈

(1) 둥근 눈 / Round shaped eyes

둥근 눈은 눈의 가로길이와 세로 폭의 비율을 보았을 때 길이에 비해 폭이 매우 넓은 형태로 홍채가 많이 보인다.

① 디자인

둥근 눈은 홍채가 많이 보이고 폭이 짧아 보이는 단점을 보완하기 위해 홍채 주위(② 구간)는 J 또는 JC컬을 사용하여 윗눈꺼풀의 중심을 살짝 내려주고 가로로 길어보일 수 있도록 꼬리쪽(③ 구간)에 긴 가속눈썹을 연장한다.

(2) 가는 눈 / Narrow eyes

가는 눈은 길이와 폭의 비율을 보았을 때 길이에 비해 폭이 매우 좁은 형태로 인상이 섬세해 보이는 것이 가장 대표적이며, 예리하고 날카로워 보이는 이미지를 준다.
홍채를 많이 가리고 있고 윗눈꺼풀에 지방이 많은 경우 동공까지 가리기도 하며, 가는 눈은

Tip!

본서에서 소개하는 디자인의 기준은 단점을 보완하고 눈을 보다 크고 선명하게 보이는 디자인으로 선정하였으나, 시술 시 고객의 눈 외에 얼굴에서 미간, 이마, 관자놀이, 광대 등의 형태가 주는 인상도 함께 고려하여 디자인을 할 수 있도록 테크닉을 길러야 한다.

외꺼풀의 눈에서 많이 보인다.

① 디자인

홍채를 가리고 있는 경우가 많으나 가리고 있기 때문에 C컬 이상의 컬감이 있는 가속눈썹을 동공 주위(② 구간)에 연장하여 윗눈꺼풀이 속눈썹에 힘을 받을 수 있도록 한다.

2) 미간이 넓은 눈과 좁은 눈

(1) 미간이 넓은 눈 / Wide set eyes

미간이 넓은 눈은 양 눈의 각 앞머리의 사이가 눈의 길이보다 넓은 간격을 보이는 것으로 온화한 이미지가 대표적이다.

① 디자인

홍채의 앞머리 부분에 포인트를 주기 위해 길이와 컬을 평균보다 한 사이즈씩 올리고 풍성하게 증모하여 중심을 앞쪽으로 이동시킨다.

(2) 미간이 좁은 눈 / Close set eyes

미간이 좁은 눈은 양 눈의 각 앞머리와의 사이가 눈의 길이보다 좁은 간격을 보이는 것으로 답답한 이미지가 대표적이다.

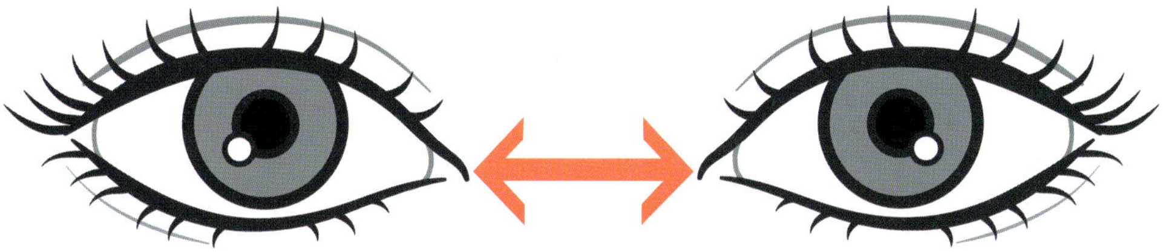

① 디자인

눈의 앞머리 시작점에서부터 약 5-7mm(① 구간의 3/2)를 띄우고 연장하여 속눈썹이 뒤로 갈수록 길고 풍성하게 연장한다.
연장 시 눈이 세로로 길어져 보이면 미간이 더 좁아보일 수 있기 때문에 C컬 등 컬이 강한 가속눈썹은 사용을 피하고, 속눈썹의 뒷영역(③ 구간)에 밀도를 주어 눈이 가로로 확장되어 보이도록 하는 것이 좋다.

3) 큰 눈과 작은 눈

(1) 큰 눈 / Big eyes

큰 눈은 눈의 폭과 길이가 얼굴에 비해 넓은 비율을 차지한 형태로 감정이 풍부해 보이는 이미지를 준다.

① 디자인

큰 눈은 보편적인 디자인이 모두 잘 어울리나, 컬이 강한 가속눈썹을 메인으로 연장할 경우 눈이 더욱 확장되어 보이거나, 과한 메이크업을 한 모습으로 완성되기 때문에 부담스러울 수 있다.
J컬이나 JC컬 등의 자연스러운 컬로 과해 보이지 않도록 연장하는 것이 좋다.

(2) 작은 눈 / Small eyes

얼굴의 한쪽 관자놀이에서부터 반대쪽까지 이어지는 폭을 기준으로 눈의 폭과 길이가 얼굴 폭에 비해 짧은 비율을 차지한 형태라면 눈이 작은 형태에 속하고 소극적인 이미지가 대표적이다.

① 디자인

작은 눈은 전체적으로 C컬이나 CC컬 등 컬이 강한 가속눈썹을 선택하여 눈이 전체적으로 열릴 수 있도록 디자인하는 것이 중요하다.
눈이 사방으로 확장되어 보일 수 있도록 홍채를 기준으로 뒷쪽(③ 구간에서 앞부분)에 포인트를 주고 눈의 꼬리쪽(③ 구간)으로 갈수록 길이가 긴 가속눈썹을 붙여 시술한다.

4) 쌍꺼풀 눈과 외꺼풀 눈

(1) 쌍꺼풀 눈 / Double eyelid eyes

쌍꺼풀은 보통 눈이 커 보이게 하는 효과가 있으며 눈두덩이에 눈매를 따라 주름이 잡힌 형태의 쌍꺼풀 눈은 외향적이고 활발하며 시원한 인상을 준다. 또한 쌍꺼풀이 진할 경우 이국적인 이미지를 주기도 한다.

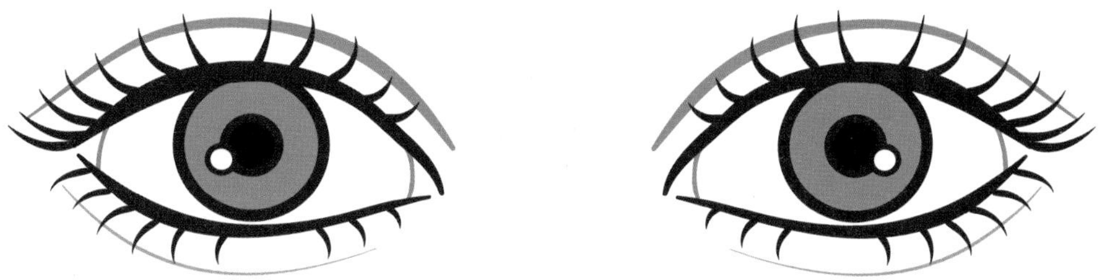

① 디자인

눈에서 쌍꺼풀로 힘을 받아 눈이 떠지기 때문에 컬이 강하게 들어갈 경우 윗눈꺼풀이 과하게 들리면서 눈 점막이 보일 수 있다는 점을 유의하여 디자인하는 것이 좋다.
시술 시 가모의 끝이 쌍꺼풀 부근까지 올라가 보이도록 완성하는 것이 자연스럽고 눈매가 깊어 보인다.

(2) 외꺼풀 눈 / Single eyelid eyes

외꺼풀 눈은 눈두덩이에 눈매를 따라 잡힌 주름이 없는 형태로 고전적인 아시아의 분위기를 보여주며 냉정하고 신중한 이미지가 대표적이다.

① 디자인

외꺼풀의 눈의 경우 형태를 살려 밀도를 높이고 개성을 살려주는 디자인으로 완성하는 방법과 컬이 강한 C컬 이상의 가속눈썹을 사용하여 처진 외겹 부분이 올라가 보일 수 있도록 연장하여 차가운 이미지를 보완하는 방법이 있다.

5) 돌출형 눈과 함몰형 눈

(1) 돌출형 눈 / Prominent eyes

눈의 뼈(안와)의 위치에 비해 눈두덩이와 안구가 돌출된 형태로 측면에서 보았을 때 콧대 부분과 눈의 위치가 비슷해 보이며, 선명하고 진한 인상을 주는 것이 특징이다.

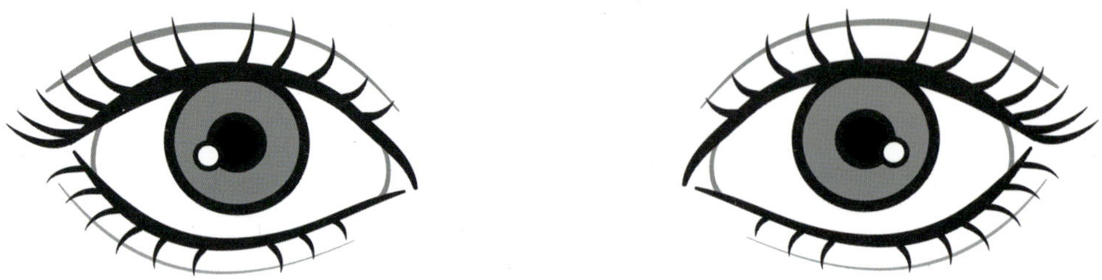

① 디자인

동공에 점막이 보이지 않도록 동공쪽에는 J컬이나 JC컬을 이용하고 너무 긴 가속눈썹보다는 짧은 길이를 연장하여 눈이 더 부각되어 보이지 않도록 하는것이 좋다.
눈의 앞머리와 꼬리 부분이 처진 돌출형 눈의 경우 해당 부위를 C컬 이상의 강한 가속눈썹으로 연장하여 보완할 수 있다.

(2) 함몰형 눈 / Deep set eyes

눈의 뼈(안와)를 기준으로 안구가 들어가 있어 아이홀이 깊게 파인 형태를 함몰형 눈이라 하며, 주로 서양인에 눈에 많이 나타난다.
이목구비가 뚜렷해 보이기 때문에 현대적인 인상과 성숙하고 조숙한 이미지를 갖는다.

① 디자인

아이홀이 깊은 눈은 대부분의 경우 점막이 들려있고, 속눈썹이 수평형이거나 상승형인 경우가 많기 때문에 컬을 높게 넣을 경우 눈두덩이에 컬이 걸려 이물감이 있을 수 있다.
연장 시 J컬이나 JC컬 등 자연스러운 컬이 있는 가속눈썹을 사용하여 완성한다.
L컬 같은 특수한 컬도 잘 어울리는 눈매이기 때문에 적절히 활용할 수 있다.

6) 눈꼬리가 올라간 눈과 처진 눈

(1) 눈꼬리가 올라간 눈 / Upturned eyes

눈의 앞머리에 비해 눈꼬리가 올라간 눈의 형태로 흔히 얼굴이 고양이 상이라면 눈꼬리가 올라간 경우가 많고 날카롭지만 섹시한 이미지가 대표적이다.

① 디자인

눈의 형태를 살려 선명하고 진해 보이도록 연장하거나 약간의 길이감을 주어 발랄하고 귀여운 이미지를 줄 수 있다.
부드러운 눈매를 연출하기 위해 눈꼬리쪽 컬을 동공보다 약한 단위로 사용하여 시각적으로 눈꼬리가 살짝 내려가 보이도록 할 수 있다.
가장 강한 컬을 눈의 앞머리(구간)에, 중간 컬을 홍채(구간)에 강한 컬을 꼬리(구간) 부분에 들어가도록 점진적으로 컬을 내리면 지나치게 올라간 눈꼬리가 완화되어 보인다.

(2) 눈꼬리가 내려간 눈 / Downturned eyes

눈 앞머리에 비해 눈의 꼬리가 내려간 형태로 온순한 이미지를 주지만 자칫 처짐이 심한 경우 우울해 보이는 인상을 준다.

① 디자인

눈꼬리가 처진 부분을 보완하기 위해 가장 낮은 컬을 앞머리 부분(구역)에 연장하고 가운데부터 꼬리까지는 점진적으로 컬을 올려 형태를 보완한다.
심하지 않은 경우 형태를 살려 부드러운 이미지를 유지하되 선명해 보이도록 완성시킬 수 있다.

7) 눈꺼풀이 처진 눈

(1) 처진 눈 / Drooping eyes

처진 눈은 아래 눈꺼풀이 윗 눈꺼풀에 덮여 있는 상태를 말하며, 보통 노화된 눈에서 주로 나타난다. 처짐이 심한 경우 눈꺼풀에 힘이 없고 눈을 뜨기 힘들어지는데 해당 증상이 심한 경우 안과에서는 안검하수 진단을 내리기도 한다.

① 디자인

속눈썹 또한 처저 있는 경우가 많기 때문에 컬이 약한 가속눈썹으로 연장할 경우 시야를 가리거나 눈을 찌르는 등 이물감을 느낄 수 있기 때문에 C컬 이상의 강한 컬을 사용하는 것이 좋다.
가속눈썹을 고를 때 평균보다 1mm 이상 긴 길이를 사용하여 디자인해야 연장한 효과를 볼 수 있다.
해당 눈의 경우 강한 컬이 있는 가속눈썹으로 연장할 경우 처져 보이는 눈을 보완할 수 있으나 근본적인 해결책이 되지 않는다.

☑ 자연속눈썹 알아보기

속눈썹의 단차

사람의 속눈썹은 인조속눈썹처럼 같은 선상에 일렬로 나 있지 않으며, 눈꺼풀의 점막 윗부분에 분포되어 있다. 자연속눈썹은 점막에서부터 0.1~3mm 사이에 자라며 자라난 속눈썹에 위치에 따라 세 가지로 나눠 범위를 잡는데 점막에서 가장 가까운 부분을 '아랫단'이라 하며, '중간단', '윗단'이라고 한다.

속눈썹의 단차 확대본

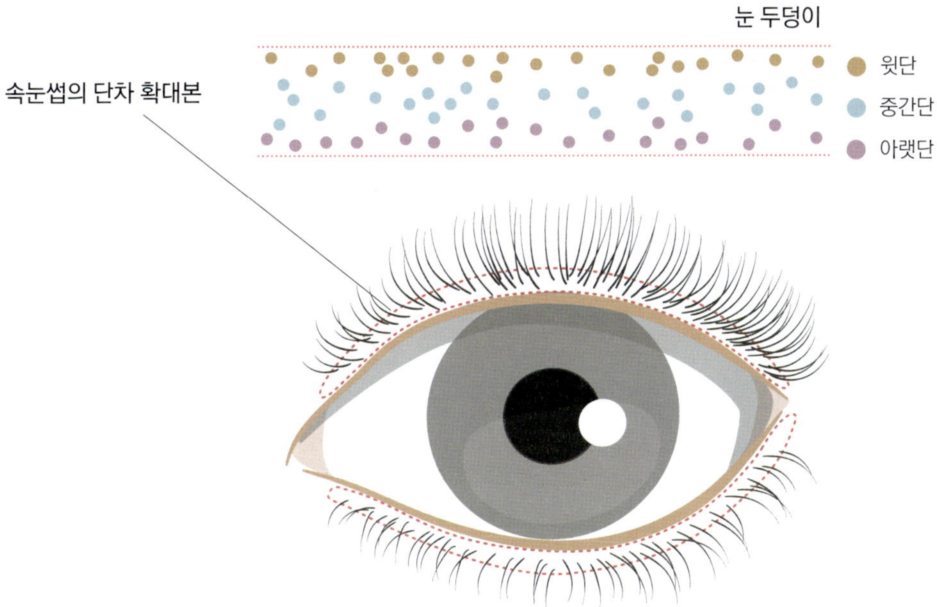

- 자연속눈썹은 사람마다 차이가 있으나, 평균적으로 남자가 여자보다 모수가 많으며 평균 굵기는 0.05~0.10정도이다.
- 모발은 독립적인 형태로 자라나고 빠지면서 일정한 수를 유지한다.
- 속눈썹의 개수는 눈의 크기와도 비례하며 개인차가 크다.
- 밀도와 속눈썹 개수와도 연관성을 가지는데 같은 개수여도 속눈썹의 굵기가 두껍고 진한 사람이 숱이 더 많아 보인다.

자연속눈썹의 관리방법

자연속눈썹 관리 시 가장 좋은 방법은 손으로 눈을 만지지 않는 것이다. 눈을 비비거나 긁는 등의 습관이나 물리적 자극으로 인한 견인성 탈모가 생길 수 있으며 성장주기보다 짧은 주기로 계속해서 속눈썹이 탈모가 발생할 경우, 모낭에서 충분한 영양공급을 받지 못한 모발은 더 얇고 짧게 자라며, 원래 방향과 다르게 처지게 자라거나 모류 방향이 달라져 자라기도 한다.

컬 레이어드

CHAPTER

4

Eyelash Care

학습목표

인터벌 익스텐션의 경우 가속눈썹의 길이를 섞어가며 연장하지만, 사람의 눈에 직접적으로 연장할 시에는 자연속눈썹의 컨디션에 따라 길이뿐만 아니라 컬 또한 다양하게 섞어 시술할 수 있다.
해당 시술 방법을 컬 레이어드라고 하며 여기에서는 컬 레이어드에 대한 이론과 디자인 등 보다 입체적인 완성도를 내는 연장법에 대해 학습한다.

1. 컬 레이어드

1) 컬 레이어드란?

속눈썹은 자라나는 구간이 정해져 있으나, 고르게 자라나는 경우는 드물다.
자연속눈썹은 방향, 길이, 두께, 탄력도 등 개인차가 있으며 개인의 경우에도 모발마다 상태가 모두 다르기 때문에 한 가지 컬만 사용하여 완성할 경우 완성도가 낮아보일 수 있다.
또한 속눈썹의 단차와 눈꺼풀에 힘에 따라 눈을 감거나 떴을 때의 모습이 차이가 있기 때문에 한 가닥의 자연속눈썹 컨디션에 따라 적절한 컬을 활용하여 섞어 붙이는 기술을 컬 레이어드라고 한다.

2) 컬 레이어드 시술법 두 가지

(1) 단차 컬 레이어드

사람(고객)이 눈을 떴을 때 윗눈꺼풀에 힘을 많이 받아 말려 올라가는 경우 윗단의 자연속눈썹 커브가 강하게 생기기 때문에 속눈썹의 단차를 나누고 시술 시 컬을 섞어 연장한다.

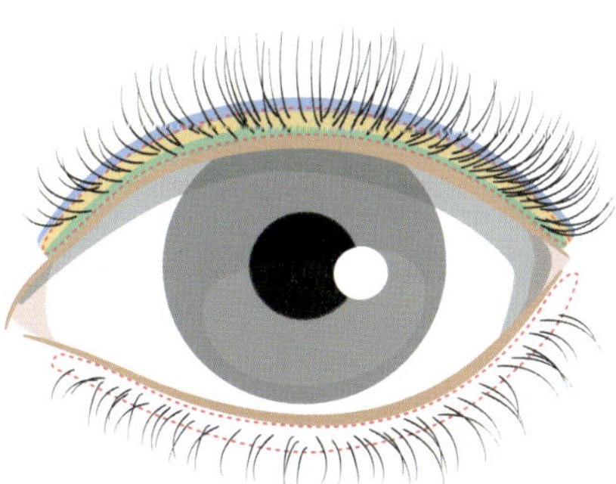

Tip!

컬 레이어드의 시술법은 관리사의 테크닉에 따라 연장할 자연 속눈썹의 상태에 따라 두 가지 형식을 섞거나 다른 기법을 활용하여 다양하게 사용 가능하다.
본 학습서에서는 시술법을 크게 두 가지로 나눠 소개한다.

(2) 구간 컬 레이어드

눈을 떴을 때 눈의 앞머리가 윗 눈꺼풀에 강하게 눌려있거나 눈꺼풀의 뒷부분(눈꼬리)이 지나치게 처져 있는 경우 연장할 가속눈썹의 컬을 구간별로 나눠 연장하며, 완성 후 눈을 떴을 때 처진 부분이 없어 보이도록 한다.

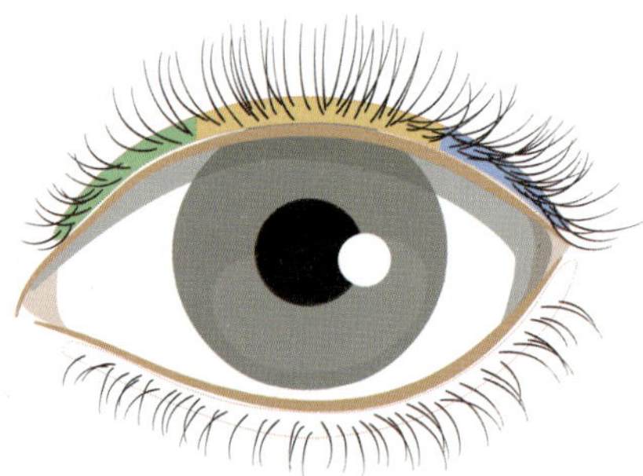

2. 컬 레이어드 시술방법

1) 단차 컬 레이어드

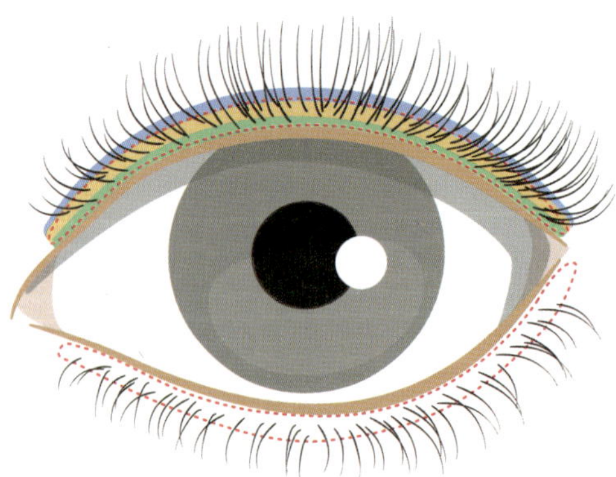

윗단 : 눈두덩이와 가까운 부분
중간단 : 속눈썹 분포가 가장 많은 부분
아랫단 : 점막에서 가장 가까운 부분

- 윗단은 눈꺼풀의 영향을 가장 많이 받는 위치로 눈을 떴을 때 말려올라가 컬감이 강하게 느껴질 수 있다. 때문에 메인 컬보다 한 컬(필요에 따라 한컬 이상 낮추기도 한다.)을 낮춰 연장하는데 연장 후 눈을 떴을 때 위로 뜨는 부분 컬을 더 낮추거나 빼고 연장한다.

- 중간단은 메인 컬이 들어가는 자리로 완성된 모습을 좌우할 컬을 넣는다.
- 윗단보다 한 컬 높은 컬을 지정하여 연장한다.

- 아랫단의 속눈썹은 비교적 눈꺼풀의 힘을 받기 어려운 부분이기 때문에 단에서 가장 높은 컬을 연장한다.

(1) 단차 컬 레이어드 예시

• 시술 전

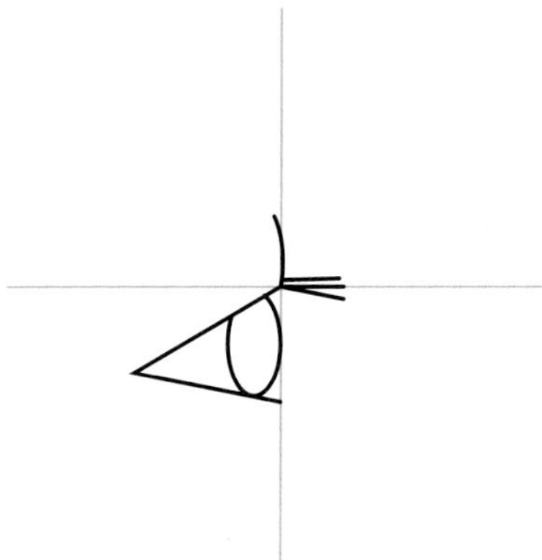

• 중간단 메인컬 JC컬

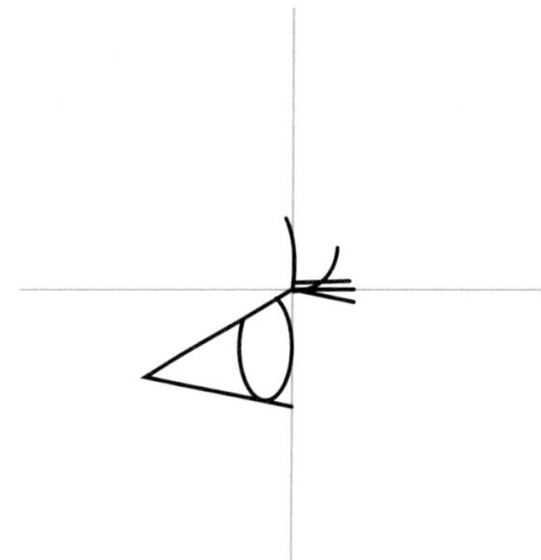

• 아랫단 C컬

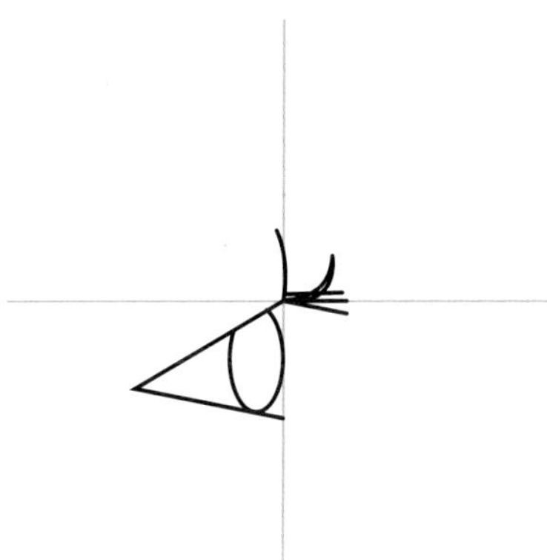

• 윗단 J컬

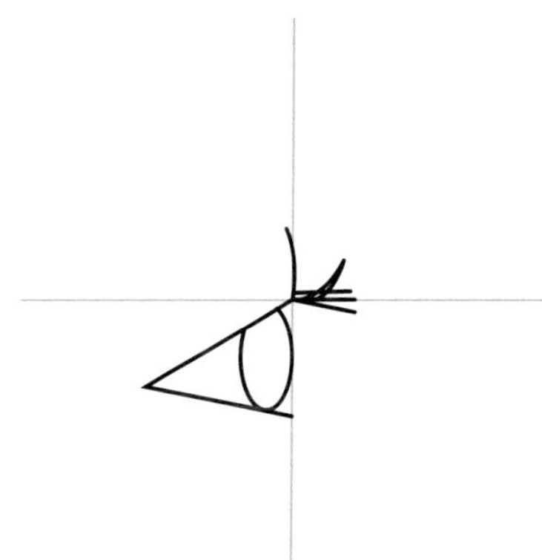

2) 구간 컬 레이어트

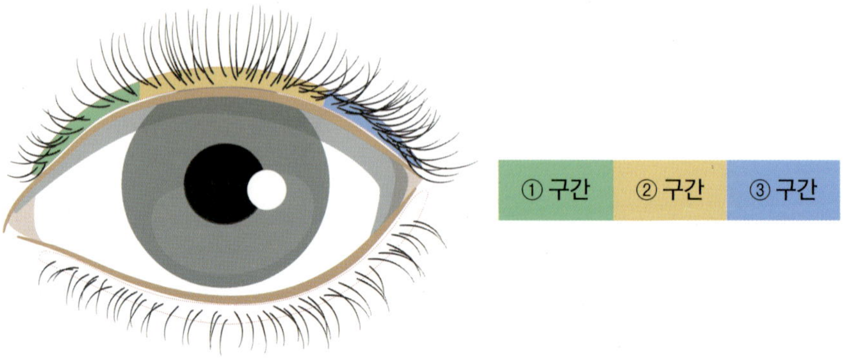

눈꺼풀에 눈 앞머리가 눌려있는 정도에 따라, 자연 속눈썹이 처져있는 정도에 따라 메 인 컬보다 한두컬을 올려서 연장한다.

② 구간은 메인컬이 들어가는 자리로 완성된 모습을 좌우할 컬을 넣는다.

③ 구간도 ①구간과 마찬가지로 처져있는 정도에 따라 컬을 선택하는데 처짐이 없거 나, 특이사항이 없는 경우 메인컬과 같이 들어가거나 한 컬 정도 올려서 들어간다.

(1) 눈 앞머리 단차 사진 예시

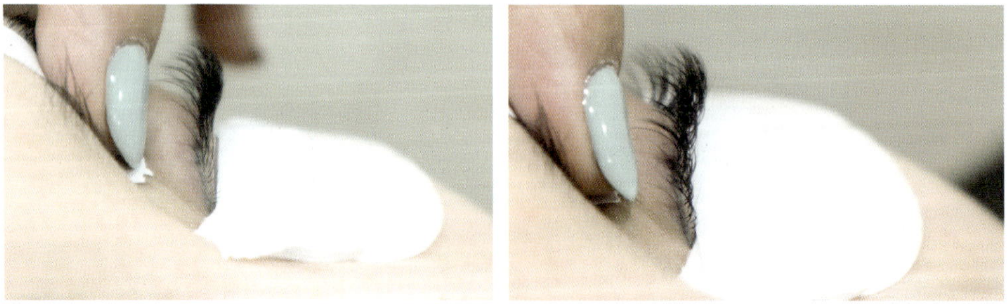

· 연장 전후 사진 예시 ·

대부분 맨앞머리가 동공 앞부분보다 속눈썹이 더 처져있기 때문에 메인 사이즈보다 점막 아래쪽에 가깝게 하향으로 처져 단이 분리되어 있는 부분을 한두컬 높게 붙여 비슷한 컬링으로 올라가게 교정한다.

예) 메인사이즈 C컬 → 앞머리 교정 CC컬 8mm

(2) 구간 컬 레이어드를 이용한 눈매 교정

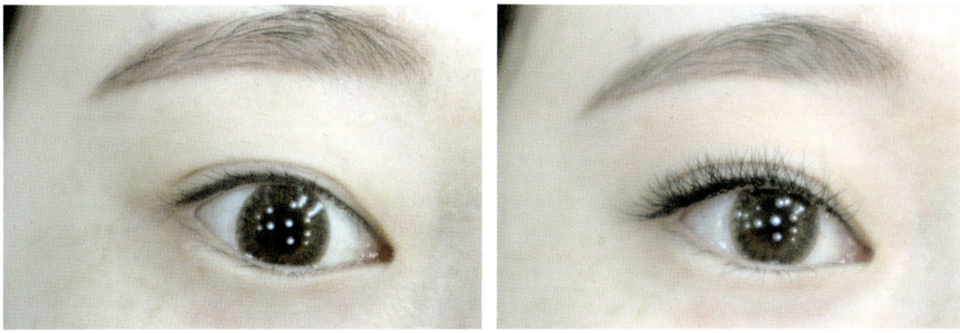

· 연장 전후 사진 예시 ·

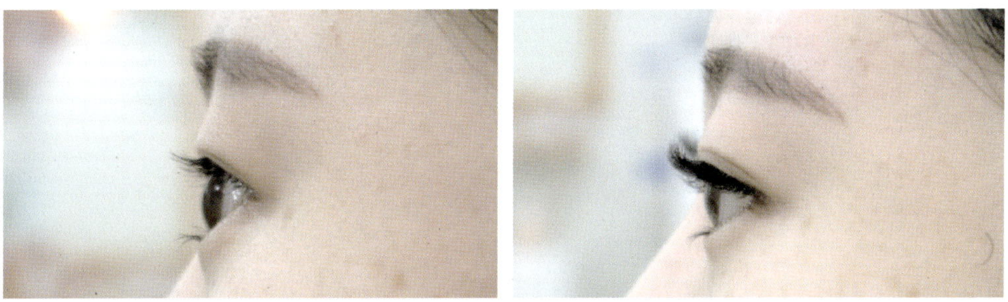

· 연장 전후 사진 예시 ·

디자인 설명	들려있는 눈꼬리를 내리는 디자인, 두 가닥씩 Y 형태로 더블래쉬 증모
눈 형태 진단	상승형에 가까운 속눈썹 / 끝이 살짝 들려있는 상태 / 눈꼬리 길이가 짧은 타원형 눈매 / 속눈썹 단차가 많지 않고 1~3층 사이
요구사항	눈꼬리를 내려 부드러운 인상 유도 / 눈 길이가 가로로 길어 보이도록 시술
사용한 가속눈썹	눈 앞머리에서부터 CC컬 8mm / C 8 / C 9 / JC 8 / J 8
교정디자인	맨 앞머리는 동공 가운데 높이보다 처져있으므로 CC컬로 한컬 높이고, 눈꼬리는 들려있으므로 동공 끝나는 점부터 JC컬, 눈꼬리는 J컬로 컬을 낮춰 눈꼬리가 내려가 보이도록 디자인 C컬 9mm = J컬 8mm는 길이감이 같으므로 가운데 메인 사이즈와 같은 길이로 컬링만 낮추어 옆으로 확징되어 눈이 길어 보이도록 디자인

3. 눈매 유형별 하이포인트 위치와 컬 레이어드 방법

컬 레이어드는 눈의 형태에 따라 단차와 구간을 섞어서 연장하는데 눈매의 유형별 포인트 위치와 레이어드의 방법 예시를 학습한다.

1) 타원형 눈매

눈매 유형 중 눈 앞머리부터 눈꼬리까지의 곡선이 가장 완만하며 길이가 가장 길고 확장되어 보이는 크고 시원한 눈매이다.
서양인 눈매에 많은 유형이며 메인 사이즈가 가장 많이 들어간다.
눈꼬리가 눈 앞머리 높이와 수평하거나 살짝 들려있는 경우가 많다.

(1) 모델 시술 사진 예시

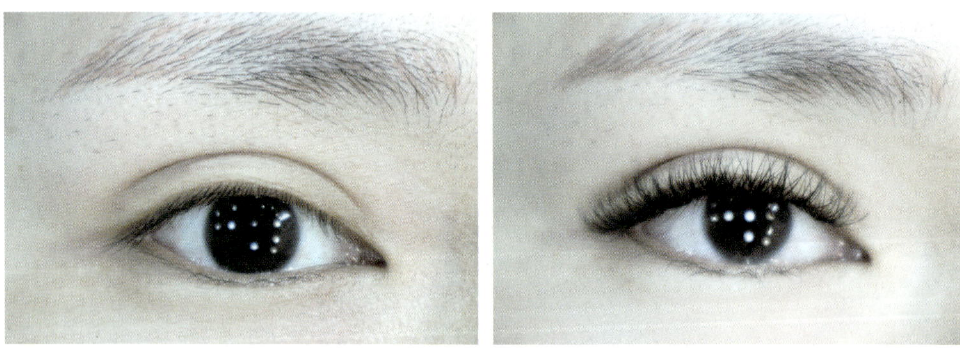

· 시술 전후 ·

디자인 설명	가운데가 길고 앞뒤는 짧은 탑포인트 디자인으로 Y 형태로 두 가닥씩 더블래쉬 증모
눈 형태 진단	전형적인 타원형 눈매로 눈 앞머리와 동공 가운데 부분, 눈꼬리 부분까지의 곡선이 완만한 편
요구사항	길이는 짧게 자연스럽게 하되 컬은 강하게, 숱은 풍성하게 요청
사용한 가속눈썹	눈 앞머리에서부터 CC컬 8mm / C8 / CC9, C9 / C8 / CC8
교정 디자인	단차가 비교적 많지 않고 방향이 고른편, 강한 컬링을 원하여 CC컬을 메인으로 아랫단에 시술하고 윗단에 C컬을 배치하여 단차 높이 맞춤

2) 반달형 눈매

눈매 유형 중 눈 앞머리부터 눈꼬리까지 길이가 가장 짧은 편이며, 반원형에 가까운 눈매이다. 아시아인에게 많이 보이며 돌출형 눈매인 경우가 많다.

- 메인사이즈가 들어가는 부분은 동공 부분 눈 가운데 부분이다.
- 측면에서 체크할 수 있는 가장 속눈썹이 높은 위치가 가운데 동공 부분이다.
- 눈 앞머리부터 동공 시작점까지, 동공 끝나는 점부터 눈꼬리까지 곡선이 가파르며 많이 처지는 것이 특징이다.
- 동공 앞으로 그리고 뒤로는 속눈썹이 가운데보다 처져있는 경우가 많다.
- 눈꼬리를 길게 하는 캣아이형 디자인으로 시술 시 눈꼬리가 처져 늘어져 보일 수 있으므로 한 가지 사이즈로 넣는 것보다는 눈꼬리 부분으로 한컬 높게 섞어 시술하는 것이 좋다.

(1) 모델 시술 사진 예시

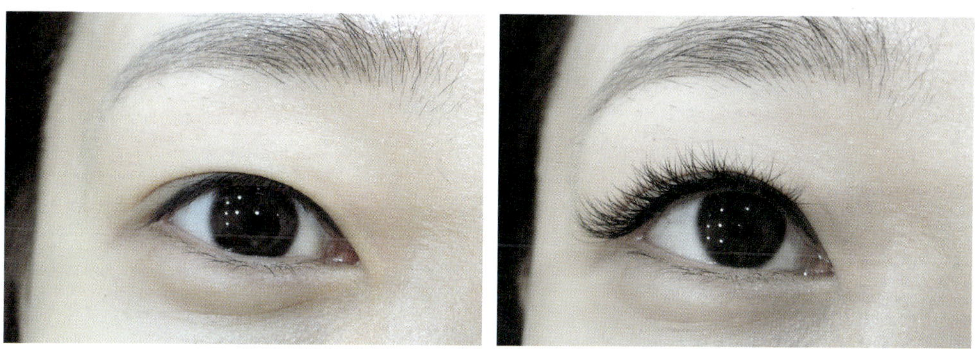

· 시술 전후 ·

디자인 설명	꼬리포인트 디자인으로 50%는 원바이원 연장, 50%는 Y형태로 두 가닥씩 더블래쉬 증모하여 150%로 1.5배 증모
눈 형태 진단	가운데 동공부위가 높고, 앞머리와 눈꼬리가 많이 처짐 앞머리부터 눈꼬리까지 반달형태로 곡선이 강하고 눈길이가 짧은 편
요구사항	메인 사이즈는 짧은 길이로 자연스러운 낮은 컬링으로 진행 눈꼬리를 길어 보이게 요청
사용한 가속눈썹	눈 앞머리에서부터 C컬 8mm / JC8 / 메인 사이즈 JC9 아랫단 C9 / 동공 끝나는 점부터 C9~10 / 눈꼬리 CC11
교정 디자인	눈길이가 짧고, 눈꼬리가 처져있는 눈매로, 눈꼬리 쪽으로 갈수록 점점 길어지게 디자인하되 컬을 높여서 눈꼬리가 처져 보이지 않도록 보완

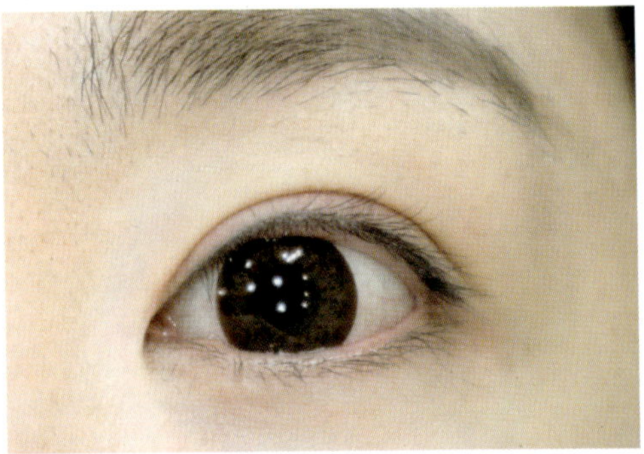

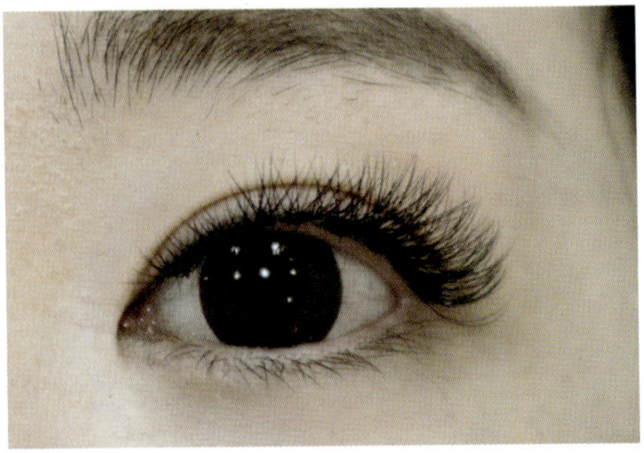

· 시술 전후 ·

디자인 설명	꼬리 포인트형 디자인, Y형태로 두 가닥씩 더블래쉬 증모
눈 형태 진단	가운데 홍채 부위가 높고, 앞머리와 눈꼬리가 많이 처져있음 앞머리부터 눈꼬리까지 반달 형태로 곡선이 강하고 눈길이가 짧음
요구사항	앞은 짧게, 눈꼬리 쪽으로 갈수록 길어 보이게 요청
사용한 가속눈썹	눈 앞머리에서부터 CC컬 9mm, C9 / CC10~11, C10 / 동공중앙부터 C11, CC12 / 눈꼬리까지 CC12-맨끝 몇 가닥 CC11
교정 디자인	눈 앞머리-동공 중앙부위-눈꼬리 순으로 점진적으로 길어 보이도록 디자인 동그란 반달형 눈매의 가로길이를 확장하여 길어 보이도록 유도 강하고 긴 컬로 눈꼬리가 처져 보이도록 하며, 가장 끝부분 몇 가닥은 방향이 많이 처져있어 1mm 줄여 살짝 더 올라가 보이도록 완성

3) 꼬리 하강형 눈매

눈꼬리가 눈 앞머리보다 처져 있으며 윗눈꺼풀이 아래 눈꺼풀을 덮고 있는 경우가 많다.

측면에서 볼 때 가장 높은 위치의 메인 사이즈가 들어가는 자리는 동공 앞머리 부근이다.
눈 길이 전체에서 눈 앞머리 쪽으로 1/3에 해당하는 위치이다.
눈 앞머리가 많이 처졌으며, 동공 중간 부분부터 끝나는 점부터 눈꼬리까지 곡선이 가파르고, 눈꼬리가 많이 처진 것이 특징이다.
눈꼬리를 길게 하는 캣아이형 디자인으로 시술 시 눈꼬리가 많이 처져 늘어져 보일 수 있으므로 한 가지 사이즈로 넣는 것보다는 한 사이즈 이상 컬을 높게 섞어 시술하는 것이 좋다.

(1) 모델 시술 사진 예시

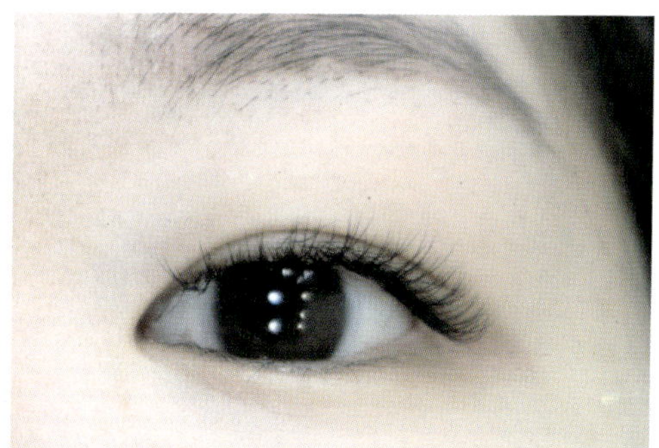

· 시술 전후 ·

디자인 설명	탑 포인트 워바이워 80% 연장
눈 형태 진단	눈앞머리부터 동공 중앙까지의 속눈썹 방향이 가장 높은 편이며, 홍채가 끝나는 점부터 눈꼬리가 점점 내려가는 속쌍커풀의 눈매
요구사항	자연스러운 중간 두께로 너무 길지 않게 하되, 컬링은 살짝 강한 컬링으로 요청
사용한 가속눈썹	눈앞머리에서부터 CC컬 8mm / C8 / C9 / 메인 사이즈 C10, 아랫단 CC10 / 동공 끝나는 점부터 C9, CC9 / CC8
교정 디자인	홍채가 끝나는 점부터 컬은 강하게, 길이는 점차 짧게 하여 눈꼬리가 더 처져 보이지 않도록 디자인

4) 꼬리 상승형 눈매

- 대부분 눈앞머리와 눈꼬리의 위치가 수평으로 같은 선상에 있거나 눈꼬리가 살짝 높은 경우가 많은데, 꼬리 상승형은 눈꼬리의 위치가 눈앞머리보다 높고, 많이 높은 경우 눈동자의 중앙위치까지도 올라간다.
- 같은 컬로 시술할 경우 앞머리는 처지고, 눈꼬리만 과하게 들리는 디자인이 되므로, 눈앞머리는 하이포인트의 메인 사이즈보다 컬을 높이고, 눈꼬리는 컬을 낮춰 눈꼬리를 자연스럽게 내려준다.

(1) 모델 시술 사진 예시

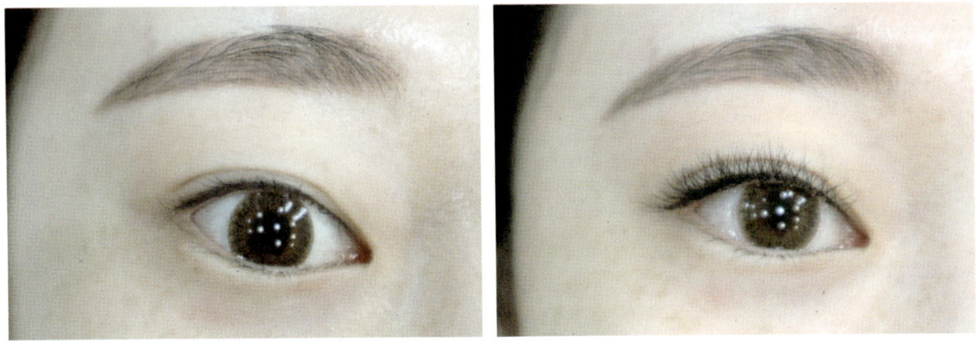

· 시술 전후 ·

디자인 설명	들려있는 눈꼬리를 내리는 디자인, 두 가닥씩 Y 형태로 더블래쉬 증모
눈 형태 진단	상승형에 가까운 속눈썹 / 끝이 살짝 들려있는 상태 / 눈꼬리 길이가 짧은 타원형 눈매 / 속눈썹 단차가 많지 않고 1~3층 사이
요구사항	눈꼬리를 내려 부드러운 인상 유도 / 눈 길이가 가로로 길어 보이도록 시술
사용한 가속눈썹	눈 앞머리에서부터 CC컬 8mm / C8 / C9 / JC8 / J8
교정 디자인	맨 앞머리는 동공 가운데 높이보다 처져있으므로 CC컬로 한컬 높이고, 눈꼬리는 들려있으므로 동공 끝나는 점부터 JC컬, 눈꼬리는 J컬로 컬을 낮춰 눈꼬리가 내려가 보이도록 디자인 C컬 9mm = J컬 8mm는 길이감이 같으므로 가운데 메인 사이즈와 같은 길이로 컬링만 낮추어 옆으로 확장되어 눈이 길어 보이도록 디자인

MEMO

증모술

CHAPTER

5

Eyelash Care

학습목표

자연속눈썹의 모량이 적거나 숱이 많이 없는 경우 속눈썹 한 가닥에 연장하는 가속눈썹의 개수를 늘려 시술하는 증모술을 사용할 수 있다. 증모술에 대한 종류와 방법 및 디자인을 학습한다.

1. 속눈썹 증모

증모란 속눈썹 한 가닥에 가속눈썹을 2가닥 이상 붙여 숱을 증가시키는 기술을 말하며 증모 시술에는 세로 확장형과 가로 확장형이 있고 각각 시술하는 상황과 완성모습이 다르다.

1) 세로 확장형 증모

세로 확장형은 위아래로 다른 컬을 세로로 쌓아올리는 증모술로 '투블럭 증모'라고 한다.

2) 가로 확장형 증모

가로 확장형은 자연속눈썹 한 가닥에 가속눈썹 두 가닥을 Y의 형태로 만들어 붙이는 증모술이다. 가속눈썹 두 가닥을 사용하기 때문에 '더블래쉬', '2D-Lash'라고 하며, 같은 형태로 만들어지나 두 가닥 이상의 가속눈썹을 사용하여 연장하는 기술을 '러시안 볼륨'이라고 한다.

Tip!

초창기의 증모는 탈모로 인해 일부분 비어있는 고객의 속눈썹을 메꾸기 위해 시작되었으며, 연장된 가속눈썹에 비어있는 방향으로 가속눈썹을 덧붙여 메꾸는 방식으로 '가지치기'라고 부르기도 했다.
이후 속눈썹 관리사들이 해당 기술의 장점을 살려 일반연장에서도 사용하면서 한 가닥씩 연장하는 연장술과 구분지어 표현하고자 사용하기 시작한 단어가 '증모'이다.

☑ 팬(Fan)

팬은 증모 시술 시 만들어 사용하는 가속눈썹을 말하며, 만든 모습이 선풍기 날을 닮아 ' 팬(Fan)'이라고도 한다.
팬은 이미 만들어져 판매되고 있는 프리메이드 팬(Premade-Fan)과 시술 시 바로 만들어 사용하는 핸드메이드 팬(Handmade- Fand)이 있다. 팬을 직접 만들어 사용 시 가속눈썹의 개수와 두께는 자유롭게 사용 가능하다.

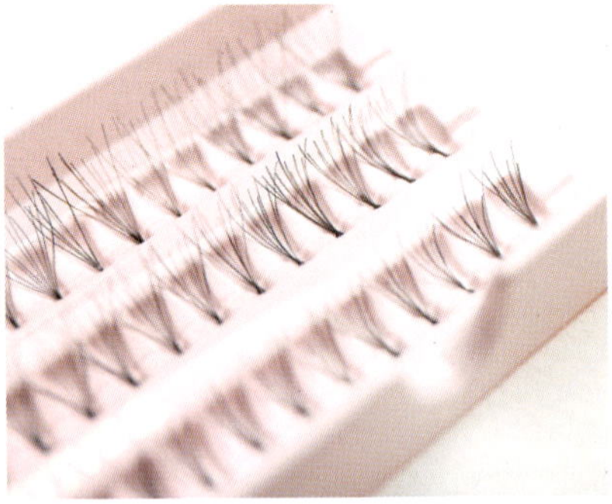

· 프리메이드 팬(Premade-Fan) ·

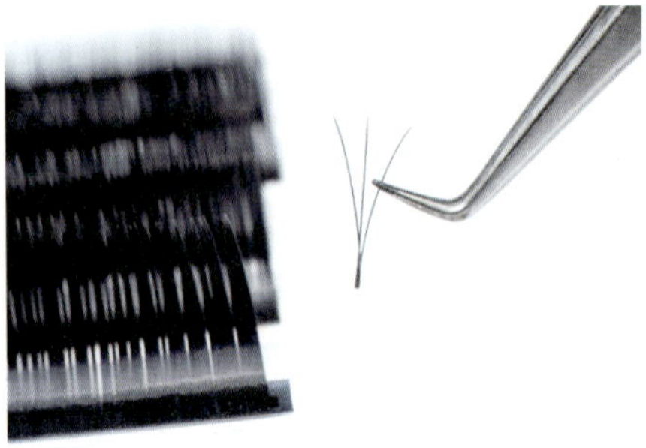

· 핸드메이드 팬(Handmade-Fan) ·

2. 세로 확장형 / 투블럭 증모술

자연 속눈썹 한 가닥에 2가지 이상의 컬을 가진 가속눈썹을 사용하여 위로 쌓아 올려 붙이는데 이때 시술할 가속눈썹은 컬과 길이가 다른것을 사용한다. 또한 투블럭 증모술은 세로로 부피감이 생기기 때문에 여러 가닥이 모여져 보이며 진한 느낌의 포인트형 증모술이다.

1) 시술 방법

· 자연속눈썹에 JC컬 12mm 연장한 모습 ·

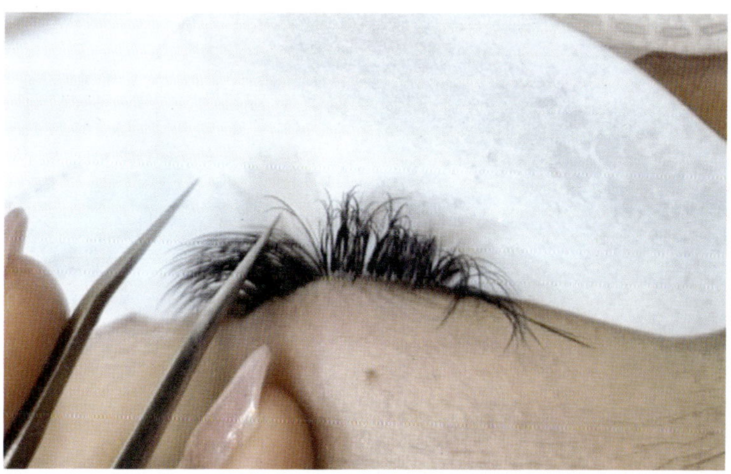

· JC컬 12mm 위에 C컬 11mm를 연장한 모습 ·

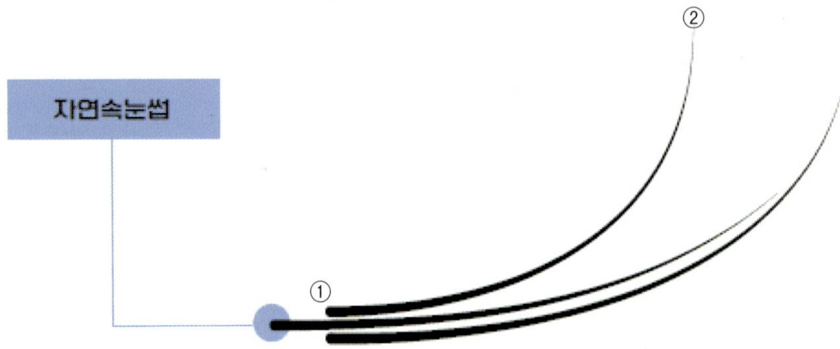

자연 속눈썹을 기준으로 아래와 위에 한 가닥씩 연장한다.
연장 시 자연 속눈썹의 윗부분에는 아래보다 강한 컬을 붙인다.
인터벌 익스텐션이나 원바이원 익스텐션 등 어떤 기법을 사용하더라도 응용 가능하며, 가속눈썹의 두께와 길이는 관리사에 시술 방향성에 따라 활용할 수 있다.

(1) 모델 시술 사진 예시

예시 1

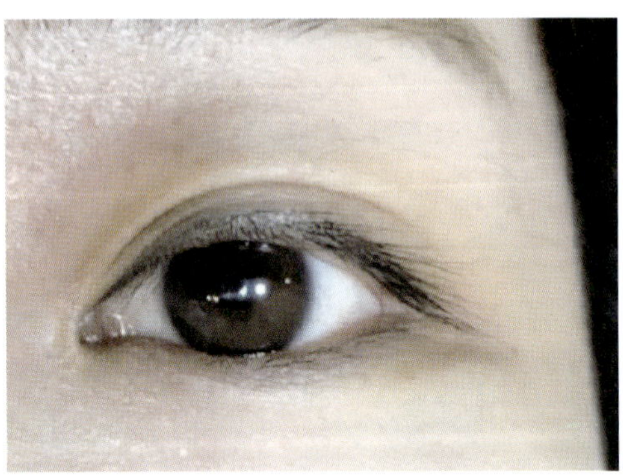

· 시술 전 ·

· 시술 후 ·

디자인 설명	투블럭 증모술 / 부채꼴형 + 꼬리 포인트형 디자인 믹스
눈 형태 진단	자연속눈썹 상태는 양호하고 숱도 많은 편이나 비어있는 곳이 많음
시술 방향성	무대용으로 또렷하고 풍성한 완성을 희망 / 부채꼴의 형태이나 꼬리 부분을 포인트를 잡아 시술
사용한 가속눈썹	① JC컬 0.1T, 9mm~12mm / ② C컬 0.1T, 8mm~11mm

예시 2

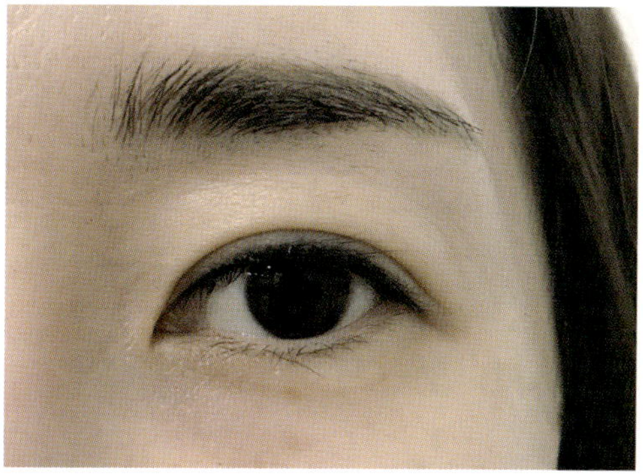

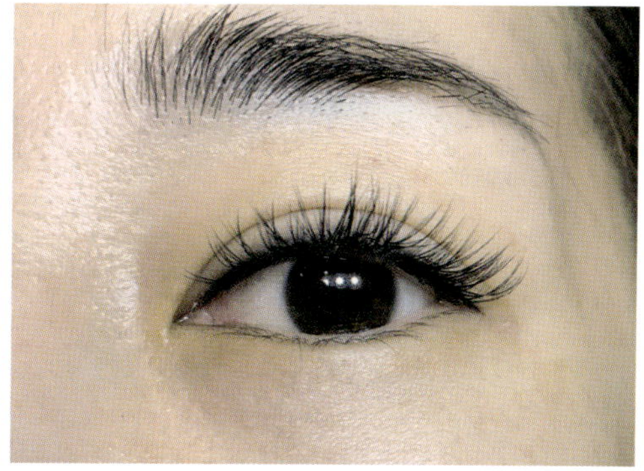

예시 3

· 시술 전후 ·

디자인 설명	누들럭 증모술 / 부채꼴형 + 꼬리 포인트형 디자인 믹스
눈 형태 진단	자연 속눈썹 상태 양호하였고 아이홀이 꺼진 형이라 피곤한 인상을 개선하기 희망
시술 방향성	답포인드 형으로 디자인해 아이홀 꺼진 부분을 보완해 줌
사용한 가속눈썹	JC컬 0.07t, 8mm~11mm / C컬 0.07t, 8~11mm

(2) 벌룬형 / 세로 확장형 응용 디자인

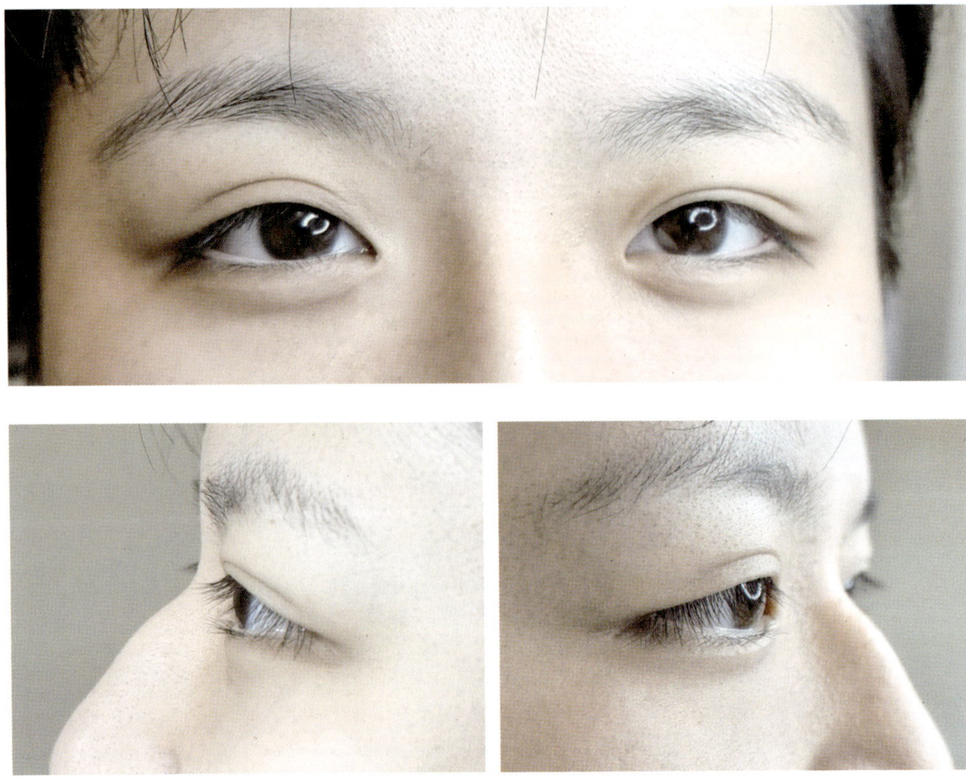

· 시술 전 ·

· 시술 후 ·

3. 가로 확장형 / 더블래쉬 (2D-lash)

원모 한 가닥에 가모 2가닥을 Y형태로 시술 시 바로바로 만들어 붙이는 기법이다.
Y형태와 닮아 Y래쉬라고도 불리며, 2가닥씩 증모해서 2d-lash라고도 불린다.
굵기는 보통 0.10t를 주로 사용하며, 고객이 더 진하게 원하는 경우, 플랫래쉬(Flat lash)로 무게를 줄여 0.15t로 붙이기도 하고, 고객의 취향에 따라 0.07t도 사용한다.
더블래쉬의 장점은 프리메이드팬(Pre-made Fan: 이미 만들어져 있는 것)에 비해 재료비가 저렴하고, 러시안볼륨에 비해 시술이 쉽고, 시술시간이 빠르다는 것이다.
또 길이와 굵기, 컬, 모든 종류의 가모를 이용하여 시술이 가능하여 시술자의 능력에 따라 다양한 디자인을 연출할 수 있는 것이 아주 큰 장점이다.
한국인에게 적당한 자연스러운 볼륨으로 자연스러운 풍성함을 원하는 고객에게 추천하면 좋다.

1) 시술 방법

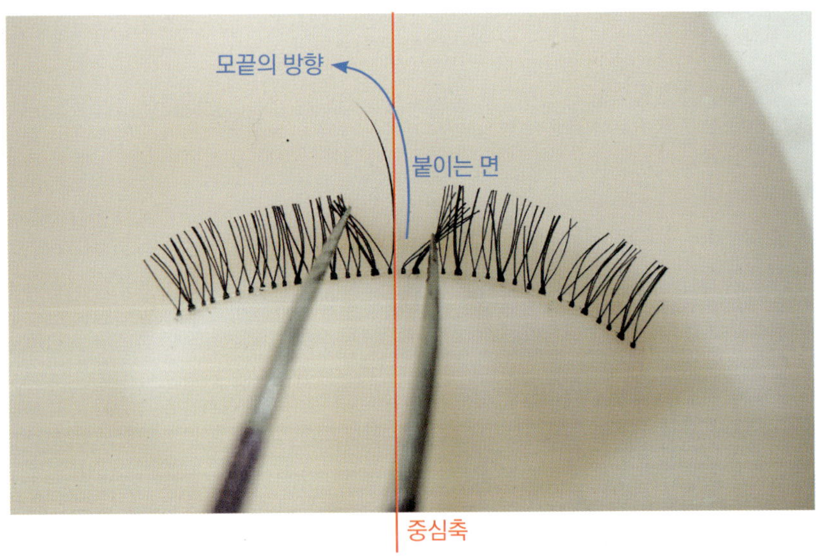

· 오른쪽 면 부착 사진 ·

가속눈썹을 부착할 방향의 반대로 45도 틀어 붙인다.
모끝의 방향은 왼쪽에 부착할 경우 부착되는 면 반대로 향하게 한다.
모 부착 위치는 자연 속눈썹의 왼쪽, 오른쪽에 각각 붙이는데 한쪽 면의 위나 아래로 치우치지 않도록 시술한다.

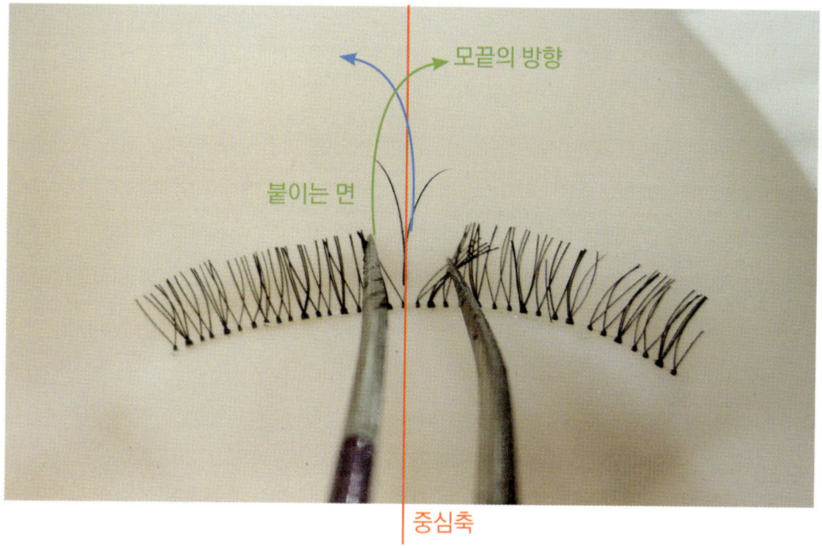

· 왼쪽 면 부착 사진 ·

가속눈썹을 부착할 방향의 반대로 45도 틀어 붙인다.
모끝의 방향은 왼쪽에 부착할 경우 부착되는 면 반대로 향하게 한다.
모 부착 위치는 자연 속눈썹의 왼쪽, 오른쪽에 각각 붙이는데 한쪽 면의 위나 아래로 치우치지 않도록 시술한다.

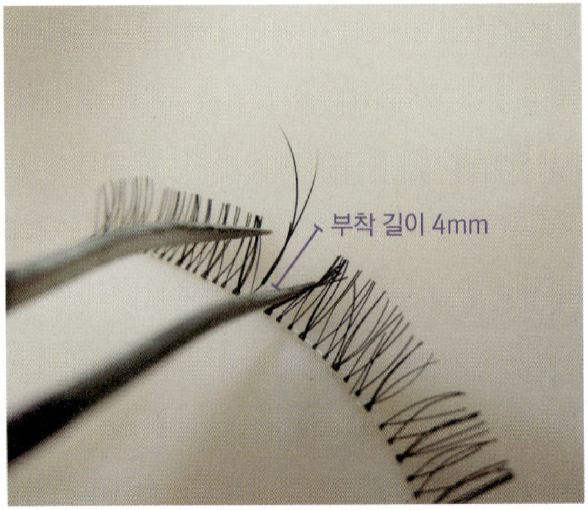

· 한 가닥 완성본 측면 ·

가모에서 모근에서부터 4mm 가량 붙어있어야 한다.
두 가닥의 가속눈썹은 부착된 모근 부분이 자연 속눈썹을 감싸듯 엇갈려 있어야 한다.
가속눈썹이 부착된 모습이 V의 형태나 다르게 맞물릴 경우 유지력이 떨어지고 이물감이 느껴질 수 있다.

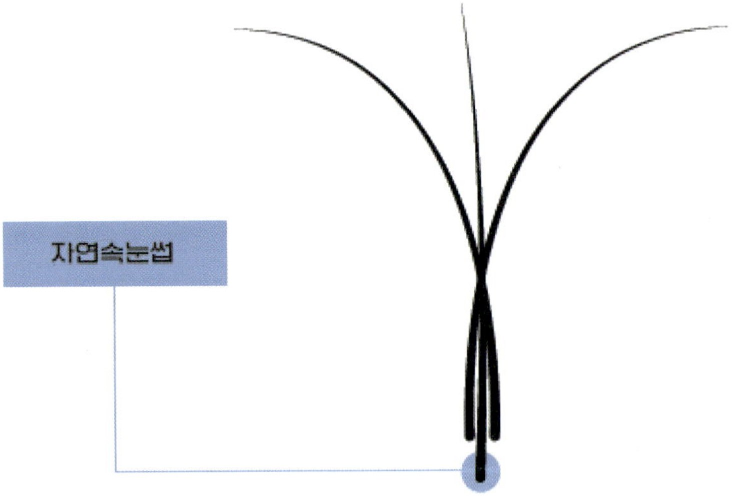

· 더블래쉬 마네킹 완성본 ·

기본 부채꼴형 디자인으로 메인 가속눈썹은 JC / 0.10t / 11mm을 사용하며, 앞에서부터 8, 9, 10, 11, 10mm 순으로 연장한다.

(1) 모델 시술 사진 예시

예시 1

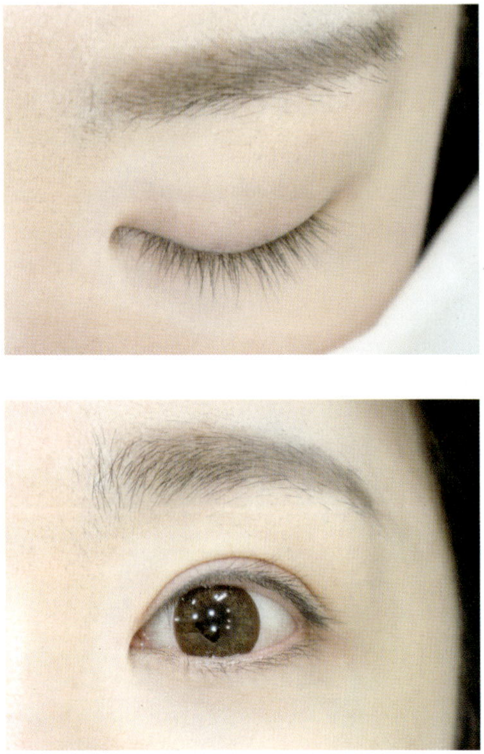

· 시술 전 ·

· 시술 후 ·

디자인 설명	더블래쉬 / 꼬리 포인트형 디자인
시술 방향성	선명하고 또렷한 눈매 / 컬과 길이감이 돋보이도록 시술
사용한 가속눈썹	두께 0.10t, 눈 앞머리에서부터 CC컬 8~11mm / CC12 / CC13

예시 2

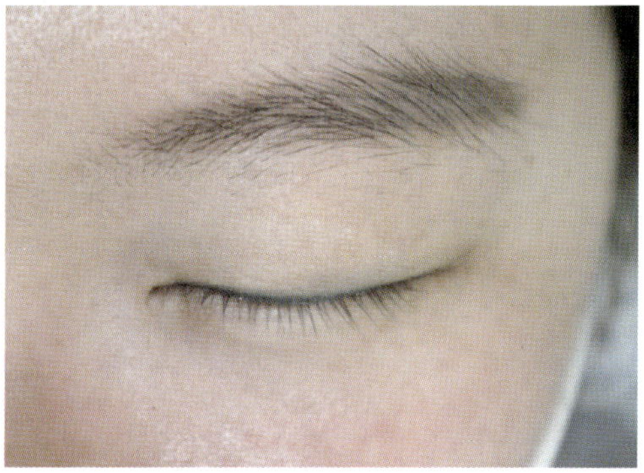

· 시술 전 ·

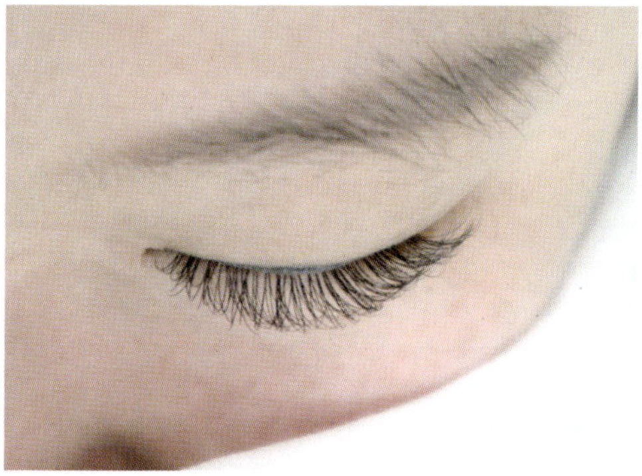

· 시술 후 ·

예시 3

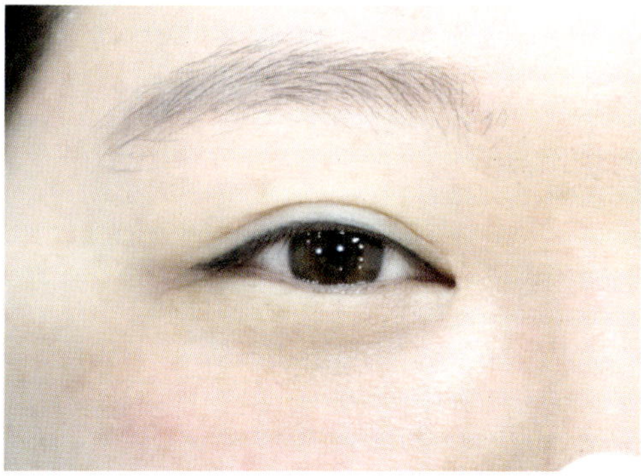

· 시술 전 ·

· 시술 후 ·

디자인 설명	더블래쉬 / 꼬리 포인트형 디자인
시술 방향성	자연스럽고 풍성하게 눈매를 살려줄 수 있도록 시술
사용한 가속눈썹	두께 0.10t, 눈 앞머리에서부터 C, CC컬 8~10mm / C, CC11 / C, CC12

4. 가로 확장형 / 러시안 볼륨

러시안 볼륨은 속눈썹 연장술 중에서도 난이도가 높은 편이며, 시술 시 약 3~10가닥을 잡아 팬을 만들어 연장하기 때문에 볼륨이 강하게 완성되는데, 시술 후 선명하고 화려한 모습 때문에 '속눈썹 연장의 꽃'이라고도 불린다.

러시안 볼륨은 필수적으로 프리메이드 팬 또는 핸드메이드 팬을 사용하여 연장하며, 핸드메이드 팬으로 연장 시 가속눈썹 4~10가닥을 잡아 만드는데, 이 여러 가닥으로 만든 팬을 한 가닥의 자연속눈썹에 아래에서 위 방향으로 흔들어 고정하는 '랩핑' 방법과 팬의 사이에 속눈썹 한 가닥을 '끼워넣기'하여 부착하는 방법 두 가지가 있다.

1) 팬(fan) 만들기

① 증모 핀셋을 이용하여 약 4~10가닥을 한 번에 잡아 떼어낸다.

② 떼어낸 여러 가닥의 가모를 바닥의 테이프 부분에 다시 내려놓는다.

③ 테이프로 접착 부분을 이용하여 가모근 부분을 핀셋으로 톡톡 건드리면서 좌우로 펼친다.

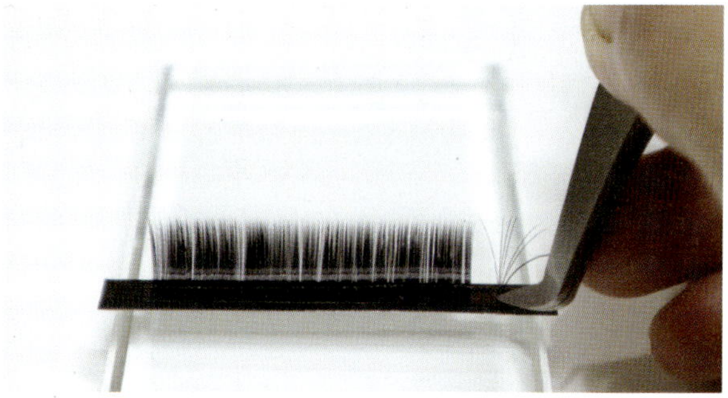

④ 부채처럼 펼처진 부분에서 필요한 가닥만큼 집어 떼어낸다. 보통 3~6가닥 사이로 사용하며 만약 가모근 부분이 살짝 벌어졌다면 다시 테이프의 끈적이는 부분에 가속눈썹 모근 부위를 쓸어 한 가닥처럼 모아준다.

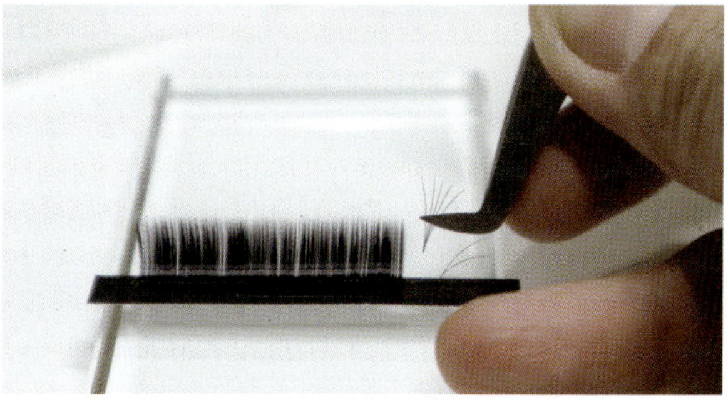

2) 시술 방법

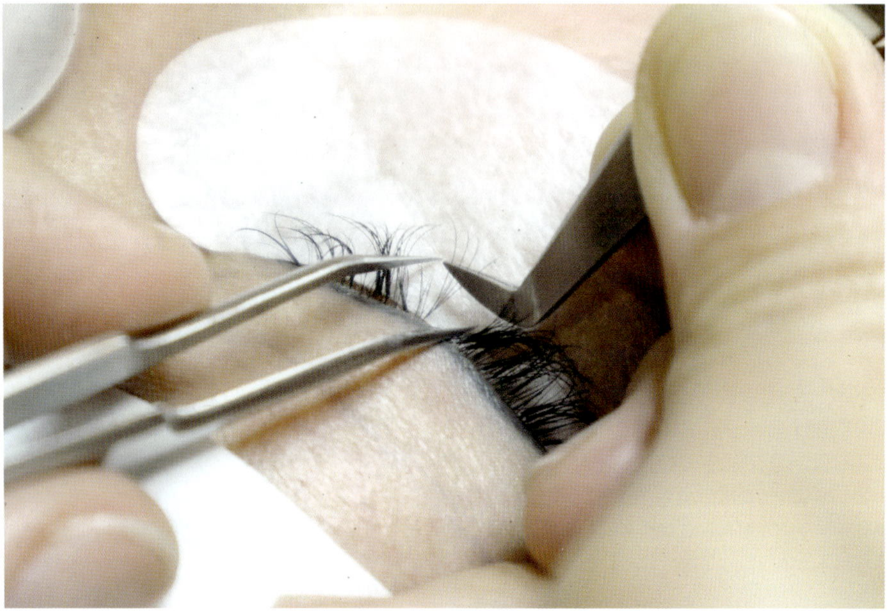

· 랩핑 ·

랩핑은 여러 가닥의 가속눈썹이 한 가닥의 팬(Fan)으로 속눈썹에 제대로 고정이 되어있는지 위 아래로 흔들어 부착하고 확인한다.

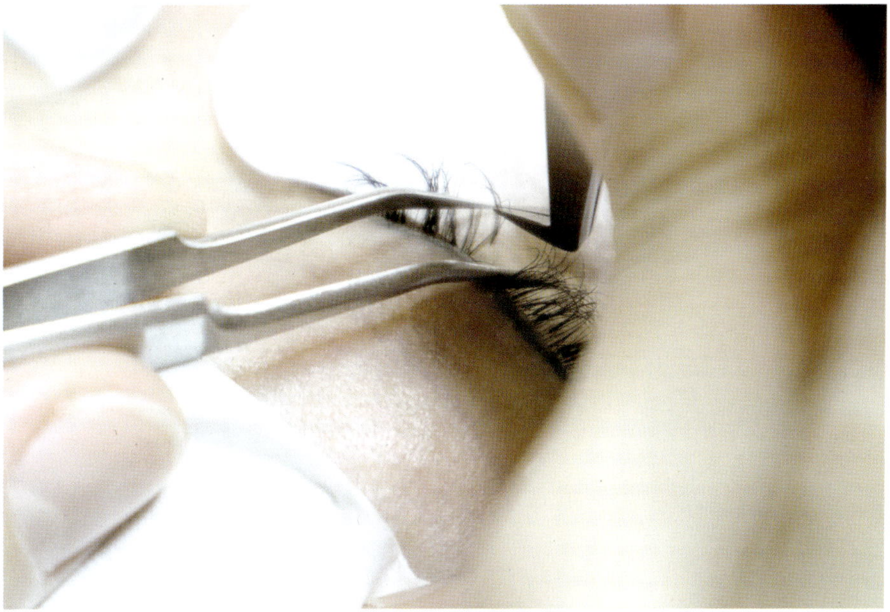

· 끼워넣기 ·

끼워넣기는 팬(Fan) 사이의 공간으로 속눈썹을 끼워넣으면서 아래에서 위로 부착하는 방법이며, 가장 단단하게 잘 고정되는 방법이다.

(1) 모델 시술 사진 예시

예시 1

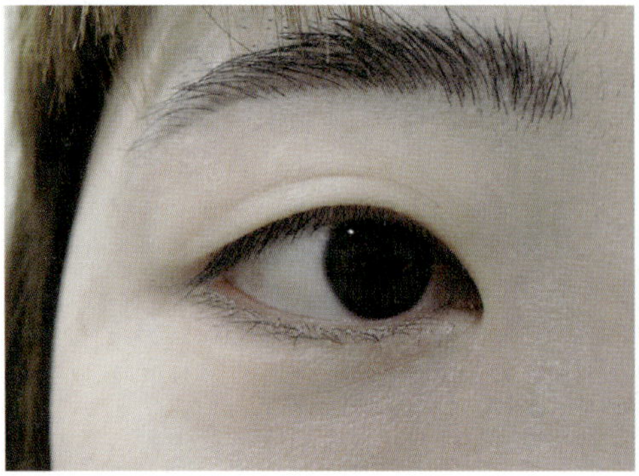

· 시술 전 ·

· 시술 후 ·

· 시술 전 ·

· 시술 후 ·

사용한 가속눈썹	3~6d mix 두께 0.07t, 눈 앞머리에서부터 CC컬 8~11mm / CC12 / CC11

예시 2

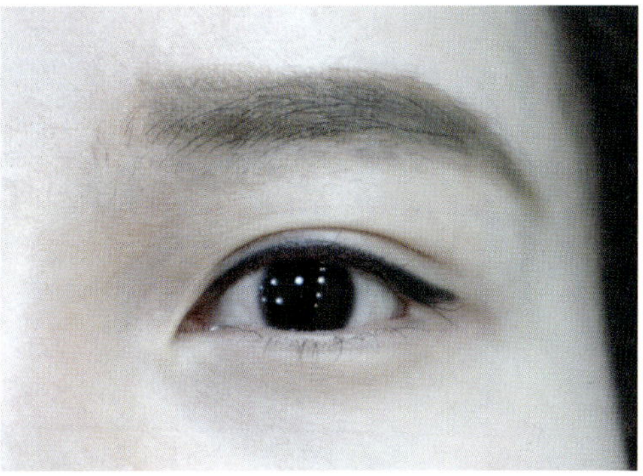

· 시술 전 ·

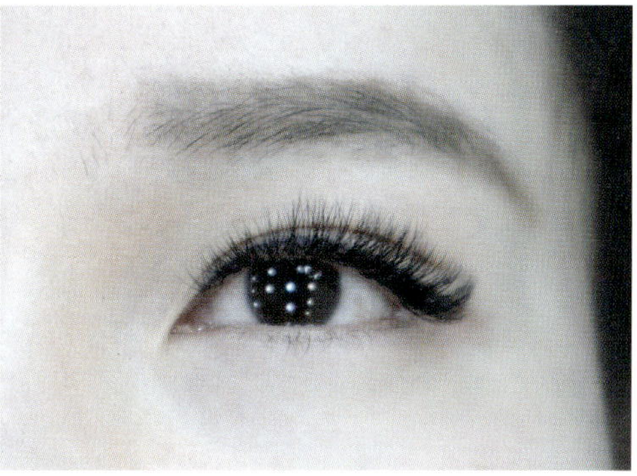

· 시술 후 ·

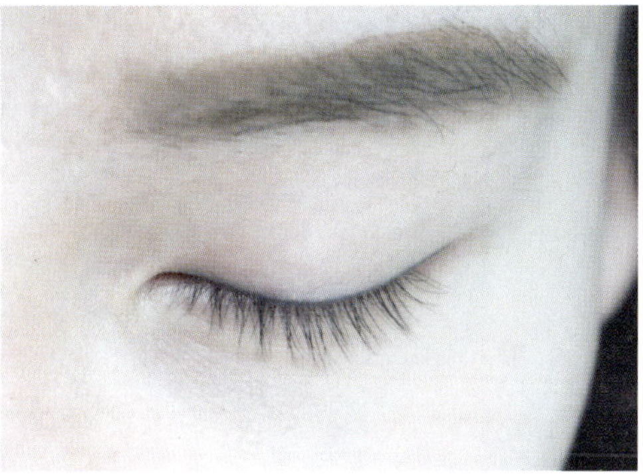

· 시술 전 ·

· 시술 후 ·

사용한 가속눈썹	3~4d mix 두께 0.07t, 눈 앞머리에서부터 C컬 8~10mm / CC11 / CC10

특수 속눈썹 연장

CHAPTER

6

학습목표

비대칭 눈, 짝눈, 탈모 속눈썹, 안검하수 등 일반 연장으로 효과를 보기 힘들거나 컴플렉스가 되는 부분을 일부 보완하며 시술하는 방법에 대해 학습한다.

1. 짝눈

1) 짝눈의 유형

① 비대칭. 한쪽의 겉눈썹과 눈의 높이가 더 높은 경우
② 한쪽 눈은 홑꺼풀, 한쪽 눈은 쌍커풀이 있는 경우
③ 양쪽 눈 길이가 다른 경우
④ 양쪽 위아래 동공 높이가 다른 경우
⑤ 눈꼬리 높이가 양쪽이 다른 경우(예〉 한쪽은 높고, 한쪽은 눈꼬리가 처지고)
⑥ 한쪽 눈만 안검하수가 있는 경우(예〉 한쪽 눈만 눈꺼풀이 동공을 덮어 졸려 보이는 눈)
⑦ 양쪽 눈근육의 힘이 다른 경우(예〉 한쪽 속눈썹은 들려있고, 한쪽 속눈썹은 처져있는 경우)
⑧ 양쪽 눈매 유형이 완전히 다른 경우(예〉 한쪽 눈은 타원형, 한쪽 눈은 반달형)

2) 짝눈교정 속눈썹 연장

(1) 오른쪽 눈 홑꺼풀 / 왼쪽 눈 쌍꺼풀

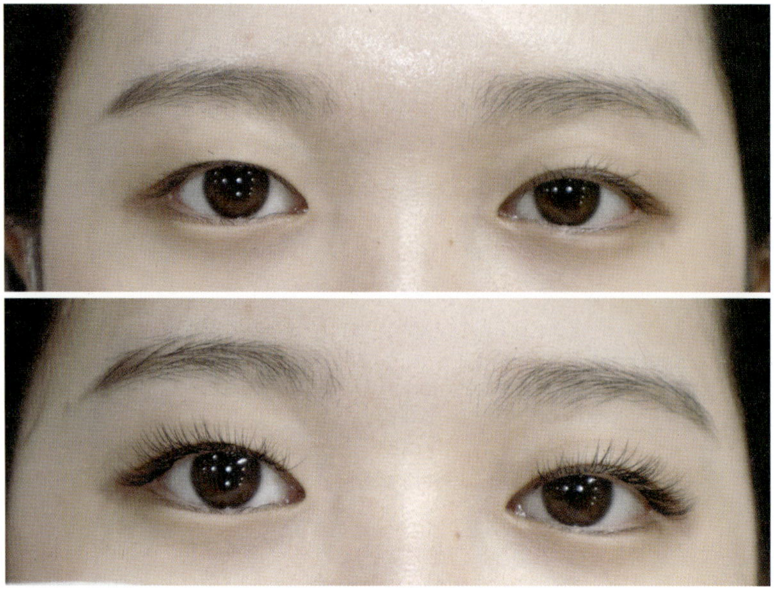

· 시술 전후 ·

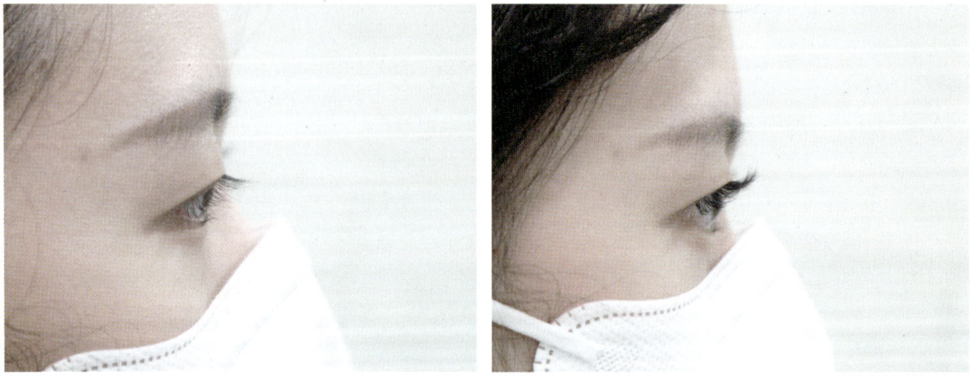

· 시술 전후 오른쪽 측면 ·

 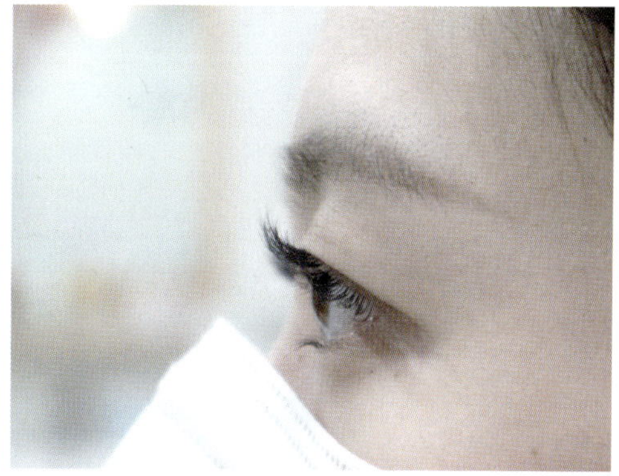

· 시술 전후 왼쪽 측면 ·

디자인 설명	자연스러운 부채꼴형의 디자인. 가운데가 길고 앞뒤 길이가 짧음 메인 사이즈가 JC컬 10mm, 마스카라 살짝 한듯한 정도의 느낌으로 0.10mm 굵기를 사용
모델의 눈매와 속눈썹의 형태	오른쪽 눈은 무쌍에 가까운 속쌍커풀, 왼쪽 눈은 얇은 쌍커풀이 있는 눈매 / 오른쪽 눈은 수평형, 왼쪽 눈은 상승형 오른쪽 눈은 단차가 2~3층 사이로 속눈썹이 비교적 고르게 나 있는 편이며, 눈꺼풀에 속눈썹이 살짝 눌려 컬이 단정하게 정리되어 보이며 가모근부 끝이 보이지 않음 왼쪽 눈은 단차가 3~4층 이상으로 층이 들쑥날쑥 나 있고, 점막이 들려있어 가모근부 끝이 그대로 다 보이는 형태
고객의 요구	항상 왼쪽 눈이 더 들려보여서 오른쪽 눈 컬링을 더 올라가게 요청 / JC컬 정도의 과하지 않은 컬링을 희망
교정 디자인	같은 사이즈로 디자인할 경우, 왼쪽 눈이 더 길어 보이고 들려 보이므로, 오른쪽의 길이와 컬을 한 사이즈씩 올려서 시술 후 양쪽 가속눈썹의 호끝 높이가 비슷하게 올라가도록 맞춤
가모의 종류와 길이	**오른쪽** 맨 앞머리 CC컬 8mm 동공앞 C8-10mix, 아랫단 CC9-10mix 메인 사이즈 동공 C11 가운데~끝 1/4지점까지, 아랫단 CC11mix 끝 1/4지점부터 눈꼬리 끝까지 C10-9, 아랫단 CC10-9 **왼쪽** 맨 앞머리는 동공 시작점보다 처져있으므로 C컬 8mm 동공 앞 JC컬 8-9mm, 아랫단 C9 메인 사이즈 JC10 동공 가운데~끝1/4지점까지, 아랫단 C10mix 왼쪽 눈이 점막이 더 들려있으므로 살짝 더 짧게 끝 1/4지점부터 눈꼬리 끝까지 JC9, 아랫단 C컬 9mix

(2) 양쪽 눈근육의 힘이 다른 경우

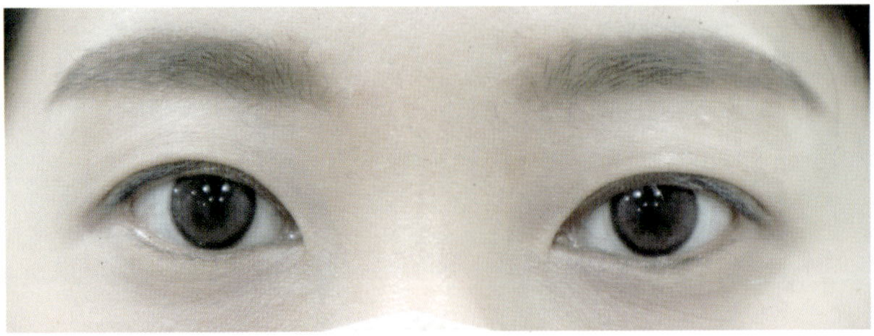

· 시술 전 ·

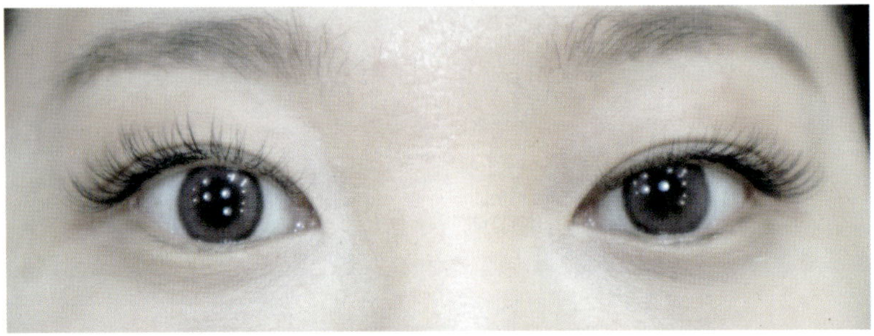

· 시술 후 1차 눈매교정 ·

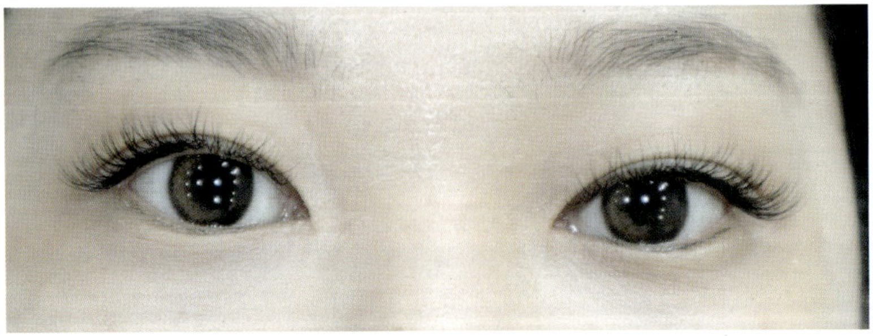

· 시술 후 2차 눈매교정 ·

디자인 설명	눈꼬리가 길어 보이는 꼬리포인트형. 뒤로 갈수록 길어지는 디자인 마스카라 살짝한 듯한 정도의 느낌으로 0.10mm 굵기를 사용
모델의 눈매와 속눈썹의 형태	오른쪽 눈은 정상적으로 동공을 80% 정도 가린 상태이나, 왼쪽 눈은 동 공 앞부분 눈 근육힘이 약하고 동공이 70% 정도 가려진 상태로 오른쪽 눈보다 조금 졸려보임 둥근 타원형으로 가로 눈길이가 짧은 눈매에 눈길이보다 쌍꺼풀이 눈꼬리 뒤로 더 나와 있으며, 속눈썹은 보통길이에 숱은 평균보다 많은 편이며 건강한 속눈썹
고객의 요구	눈 가로길이가 조금 짧아 눈매가 길어 보이는 것을 희망
교정 디자인	**[1차 교정]** 메인 사이즈는 JC컬 10mm, 아랫단 사이즈를 오른쪽은 C10,11mix, 왼쪽은 C11 위주로 시술 시술 후 오른쪽이 더 들려 보이고, 왼쪽 눈은 동공 끝나는 점부터 끝이 오른쪽과 비슷하게 올라갔으나 오른쪽보다는 조금 낮고, 동공 앞에서 동공 중앙 부분이 컬이 훨씬 낮아 보이고 잘 보이지 않음 **[2차 교정]** 오른쪽 메인 사이즈는 직전과 동일하게 JC10mm로 하고, 아랫단 사이즈를 C11 -> C10로 줄임 왼쪽은 메인 사이즈를 C11로 한 사이즈 올림, 동공앞부터 CC8~11로 한 사이즈씩 더 올림, 눈꼬리는 CC12로 마무리
가모의 종류와 길이	**[1차 교정]** JC컬 0.10t, 10mm(끝 JC, C, CC컬 11mix) 오른쪽 아랫단 C10,11mix / 왼쪽 아랫단 C11mm **[2차 교정]** 오른쪽 : JC컬 10mm, 아랫단 C10(끝 JC, C, CC컬 11mix) 왼쪽 : 맨앞 CC8 2개, CC9 4개, CC10 4개, CC11~ 앞 1/3까지 가운데 메인 사이즈 C11(처진거 CC11mix (끝 JC, C11, 맨끝 몇 개 CC12mix)

(3) 한쪽 눈 안검하수

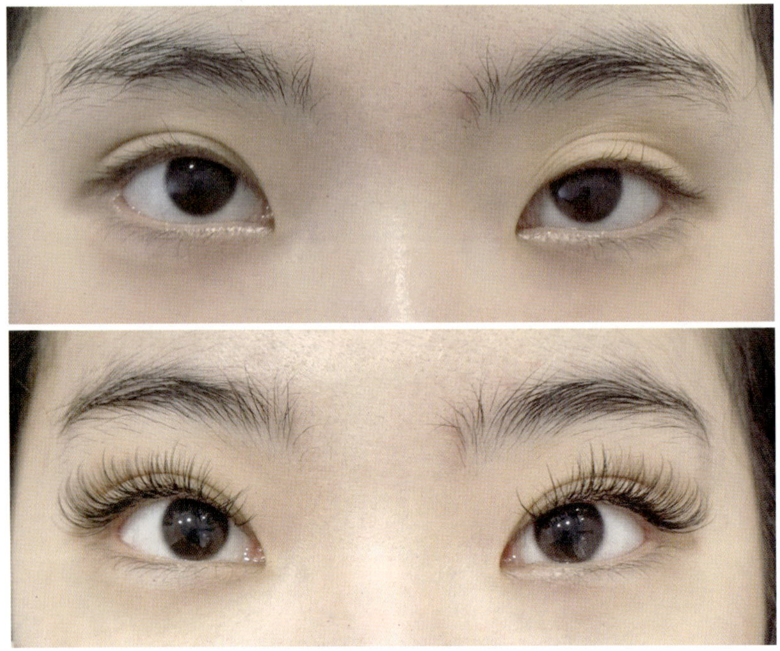

· 시술 전후 ·

디자인 설명	짝눈 교정 포인트 디자인 + 5D 포인트 래쉬
모델의 눈매와 속눈썹의 형태	두꺼운 상승형 속눈썹이지만 중간중간 빈 부분이 보이고 층이 겹겹이 있는 상태이다. 왼쪽 눈 안검하수로 오른쪽 눈의 눈 뜨는 힘이 많이 다르다.
고객의 요구	화려한 눈매 연출을 요구하였고, 높은 컬링을 원하였다(기존에 CC컬 연장을 시술함). 눈매가 길어 보이는 디자인에 포인트 래쉬가 들어가길 원하였다.
교정 디자인	왼쪽과 오른쪽 눈의 뜨는 힘이 다르기 때문에 전체적인 디자인을 포인트 디자인으로 잡더라도 왼쪽 동공 부분의 컬이 더 올라가 보일 수 있도록 디자인을 잡는다.
가모의 종류와 길이	오른쪽 눈 / 쌍꺼풀 있음 0.07mm 5D CC컬 포인트 래쉬: 8~13mm까지 앞머리부터 끝라인 1단에 먼저 가이드를 세움 0.15mm C컬 플랫 래쉬: 8~12mm까지 1단의 포인트 래쉬가 들어간 부분을 제외하고 나머지 부분과 2~3단에 시술 왼쪽 눈 / 쌍꺼풀 없음 0.15mm C컬 플랫 래쉬: 8~12mm까지 앞머리부터 끝라인 1~2단에 시술 0.07mm 5D CC컬 포인트 래쉬: 8~13mm까지 앞머리부터 끝라인 3단에 먼저 가이드를 세운다.

2. 손상된 속눈썹

1) 견인성 탈모

견인성 탈모는 모근이 있는 피부에 가해진 물리적인 자극에 의해 생기며 모발선에 따라 발생한다. 속눈썹 연장 시 잘못된 시술방법이나 시술 후 잘못된 관리로 인해 생긴 부작용 중 하나이며 생장주기가 돌아오면 모발이 다시 자라난다.

2) 발모벽

반복적으로 머리카락 또는 자신의 신체의 털을 뽑는 행위가 반복되면서 눈에 띌 정도로 모발이 결손된 모습이다. 원인으로는 여러 가지 요인이 있으며, 특히 스트레스와 관련이 깊다. 털을 뽑고 난 후 만족과 안도감을 느끼며 두피와 피부에 이상소견을 보이지 않고 통증 또한 느끼지 못하는 경우가 많다.

3) 속눈썹 절단

속눈썹에 과한 압력을 반복적으로 가하거나 잦은 펌 시술 또는 고열, 탈색 등으로 모발이 약해진 부분이 끊겨버린 모습이다. 끊겨버린 속눈썹은 생장주기가 회전하여 다시 자라나야 복구가 가능하다.

4) 부분 탈모 속눈썹 연장 실무

(1) 부분 탈모

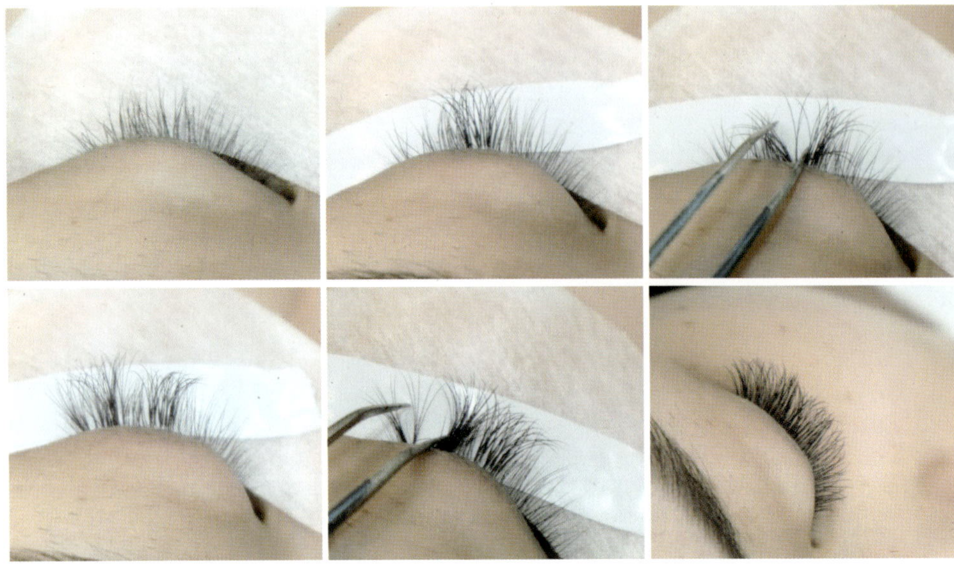

디자인 설명	내추럴디자인 / 원바이원 익스텐션 + 가로확장형 증모(더블래쉬 + 5D 래쉬)
모델의 눈매와 속눈썹의 형태	얇고 숱이 많으나 가운데와 눈꼬리 부분이 부분적으로 비어있다.
고객의 요구	탈모부위를 가리고, 촘촘하고 풍성한 속눈썹 증모를 희망
교정 디자인	탈모가 없는 부위에 원바이원 시술 후, 탈모부위가 좁은 곳은 더블래쉬, 넓은 곳은 5D 래쉬로 증모하여 탈모부위를 커버함
가모의 종류와 길이	0.07t 눈 앞머리부터 cc컬 8~10mm / 가운데 메인 cc11 / 끝 cc10)

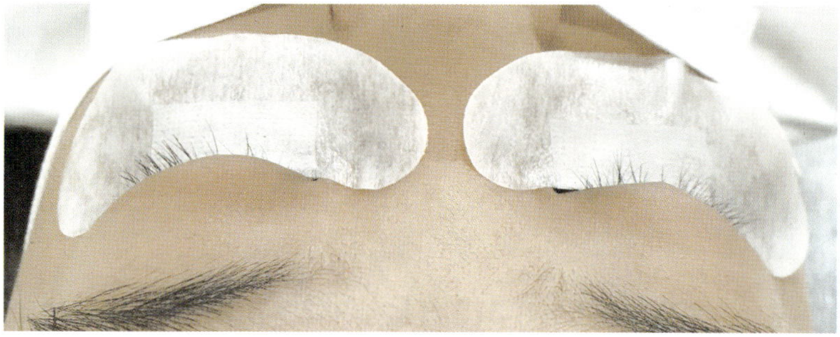

· 시술 전 ·

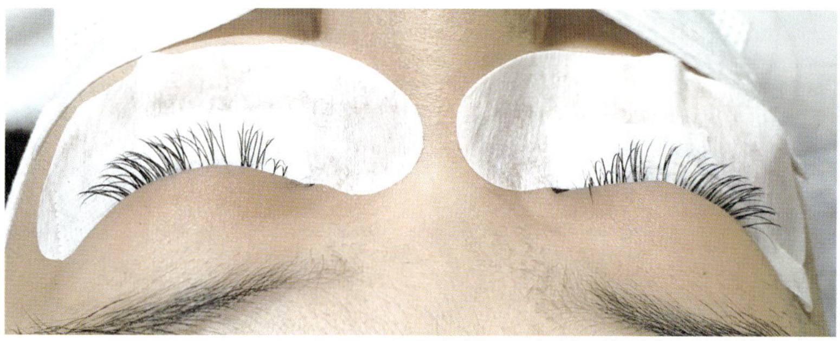

· 시술 후 ·

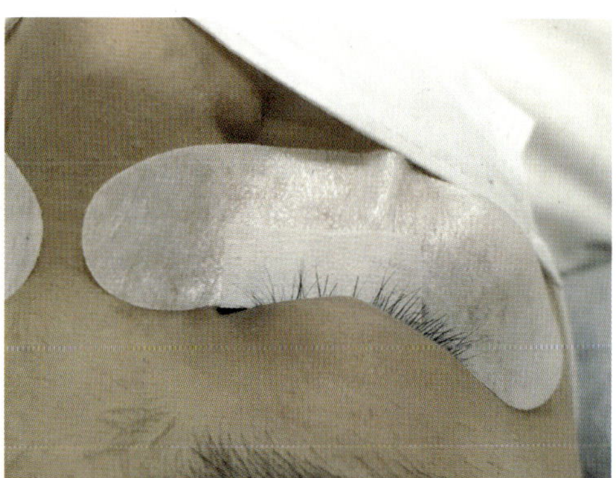

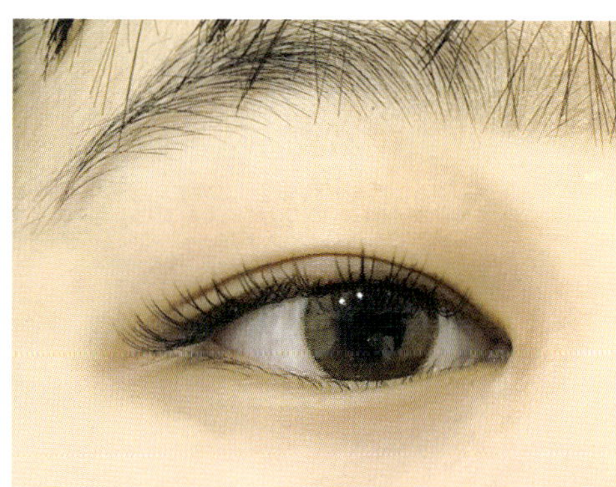

디자인 설명	꼬리 포인트형 디자인에 원바이원 + 2D 래쉬 증모
모델의 눈매와 속눈썹의 형태	꼬리 하강형 눈매에 견인성 탈모와 속눈썹 끊김이 있음 숱이 많이 없고 짧은 속눈썹
고객의 요구	길고 볼륨감이 보이도록 하며 탈모된 부분을 일부 가리도록 희망
교정 디자인	원바이원 시술 후 중간에 탈모 부분들은 2D 래쉬로 증모 연장하여 비어있는 부분이 가려지도록 디자인
가모의 종류와 길이	플랫래쉬 JC컬 9mm

CHAPTER 7

언더래쉬

학습목표

윗속눈썹 외에 아래 속눈썹에도 속눈썹 연장이 가능하며 디자인 또한 다양하지만 윗속눈썹과는 연장 하는 방향이 다르므로 연장시 주의가 필요하다.
언더래쉬에 대한 연장법과 주의사항에 대해 학습하고 디자인에 대해 알아본다.

1. 언더래쉬

아래 속눈썹도 연장이 가능하나 자연속눈썹의 컨디션에 따라 시술이 불가능할 수 있다.
가령 아래 속눈썹의 개수가 적당하지 않거나, 모가 너무 짧고 힘이 없거나, 자라난 방향이 모발마다 차이가 심한 경우 언더래쉬는 진행하지 않는다.
아래 속눈썹의 모량이 적당하며 굵기가 연장할 가속눈썹과 비슷한 경우 유지력과 시술 효과가 가장 좋으며, 앞에서 학습한 인터벌 익스텐션, 원바이원 익스텐션 모두 활용하여 다양한 디자인으로 표현할 수 있다.

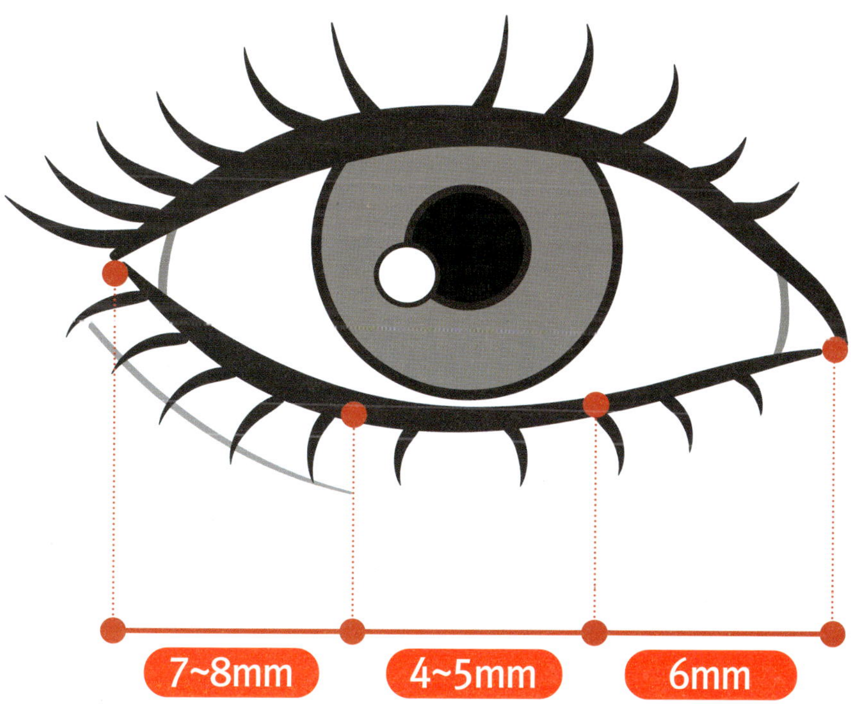

Tip!

언더래쉬 시술요약

길이	4~9mm
굵기	0.05~0.1mm
개수	20~30개
미용 접착제	자극이 심하지 않은 미 용접착제
완성 기준	눈의 앞 머리와 꼬리는 포인트, 가운데는 메인

언더래쉬의 컬

언더래쉬는 속눈썹이 짧아 연장 시 가속 눈썹의 컬을 과하게 사용할 경우 아래 눈커풀에 이물감이 느껴지거나 부자연스럽게 완성될 수 있기 때문에 가속 눈썹의 컬은 보통 I컬 또는 J컬을 사용한다.

• 앞서 학습한 가상의 선을 활용하여 구간을 나누어 연장할 영역을 확보한다.
• 눈앞(눈의 머리)에서부터 순서대로 ①, ②, ③에 해당되며, 가운데 구간은 양쪽으로 약 0.5~1mm를 넓혀 연장한다.
• ①, ③ 구간은 사용할 가속눈썹 중 비교적 긴 mm를 사용한다.
• 가속눈썹의 굵기는 약 0.05-0.10t를 사용하며 20~30가닥 정도를 붙이는데 과하게 두꺼운 가속눈썹을 사용할 경우 쉽게 이물감을 느낄 수 있기에 주의한다.
• 피시술자(고객)는/은 눈을 뜬 상태로 시술을 받아야 하기 때문에 자극이 적은 미용접착제를 사용하는 것이 좋다.

1) 준비물

• **가속눈썹 :** I컬, 0.01t, 6~8mm
• **도구 :** 일자핀셋, 굽은핀셋, 미용접착제
• **부재료 :** 전처리제, 솜또는 거즈, 면봉, 아이패치 등

2) 시술방법

(1) 가속눈썹 떼기

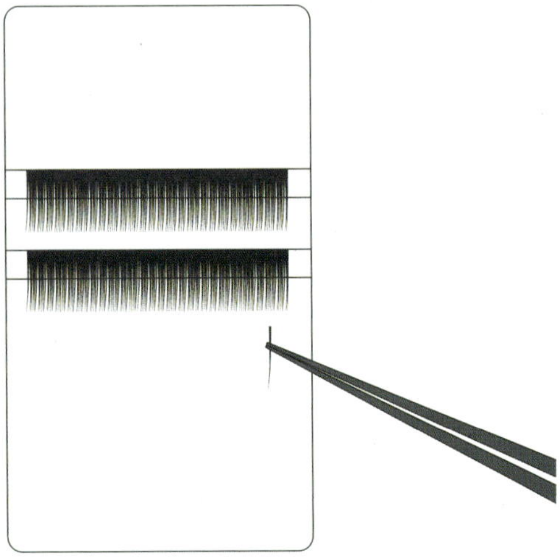

언더래쉬 연장 시 가속눈썹 플레이트를 돌려 가속눈썹 끝부분이 관리사를 향하도록 둔다.
가속눈썹의 끝부분을 잡고 아래에서 위로 당기듯이 뗀다.

(2) 아이패치와 전처리제 사용

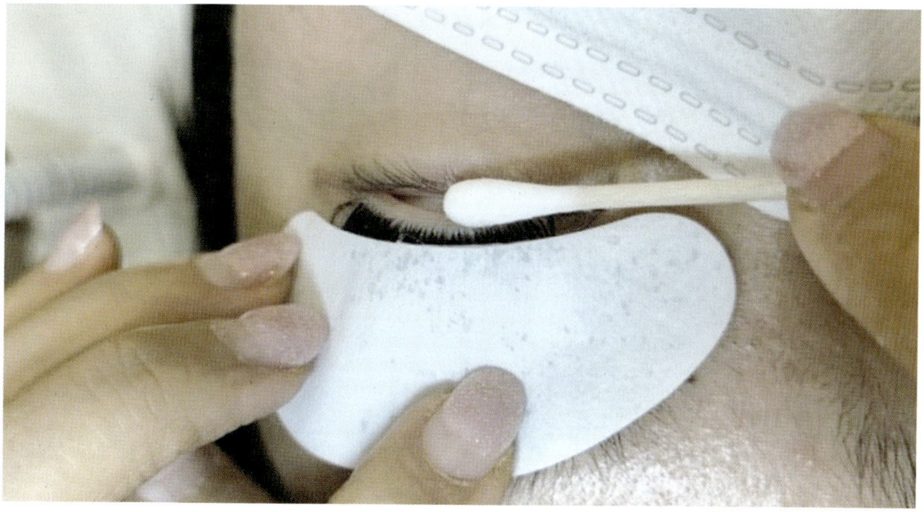

윗속눈썹을 모두 감싸도록 아이패치를 눈두덩이에 붙인다.
면봉에 전처리제를 묻혀 연장 부분의 유수분을 제거한다.

(3) 연장시술

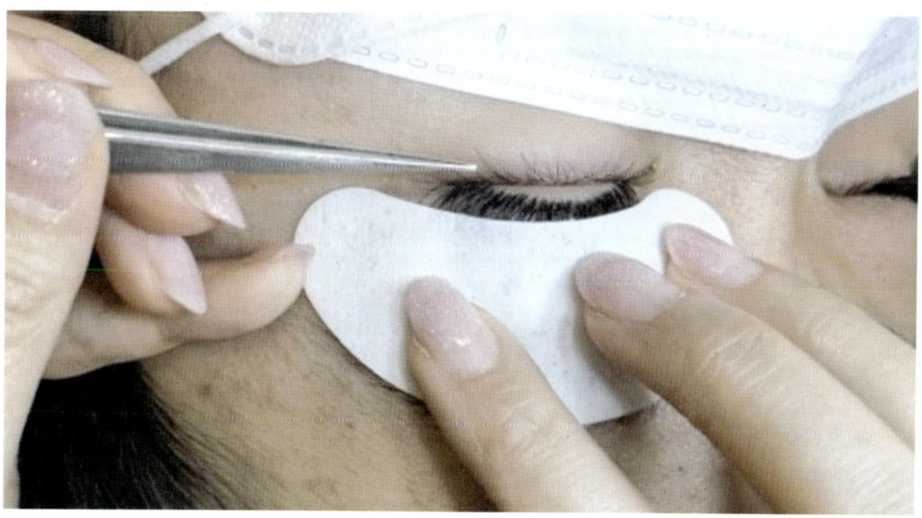

눈꼬리 (③구간)은 가장 긴 8mm를 시술한다.

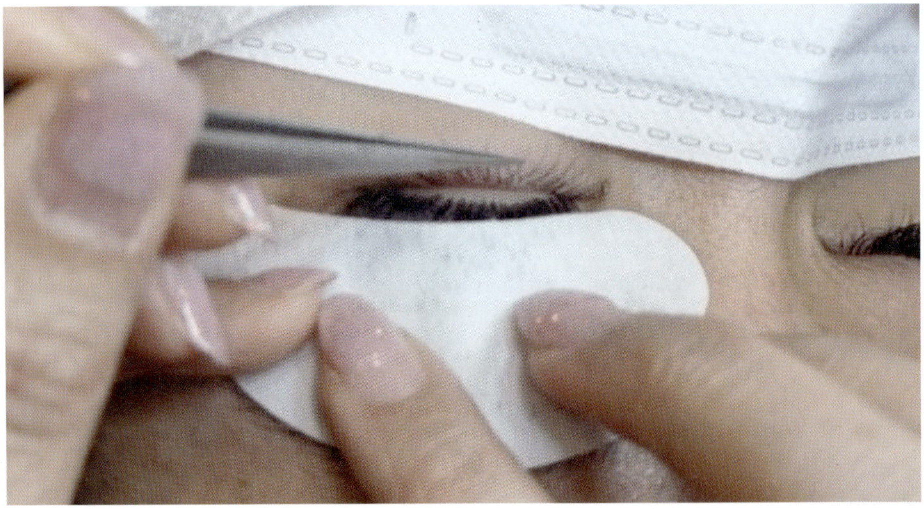

눈의 가운데 (②구간)에는 가장 짧은 6mm를 시술한다.

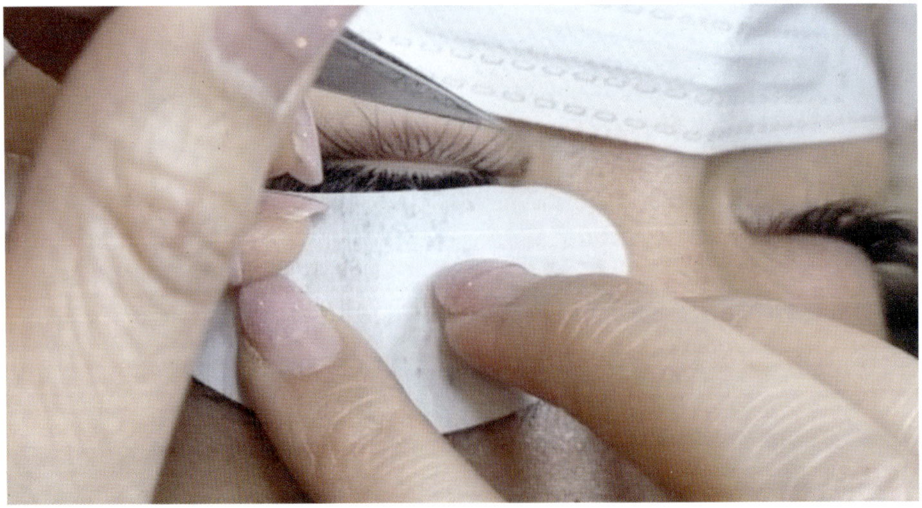

눈의 앞(①구간)에는 중간 길이인 7mm를 시술한다.

3) 모델 시술 사진 예시

예시 1

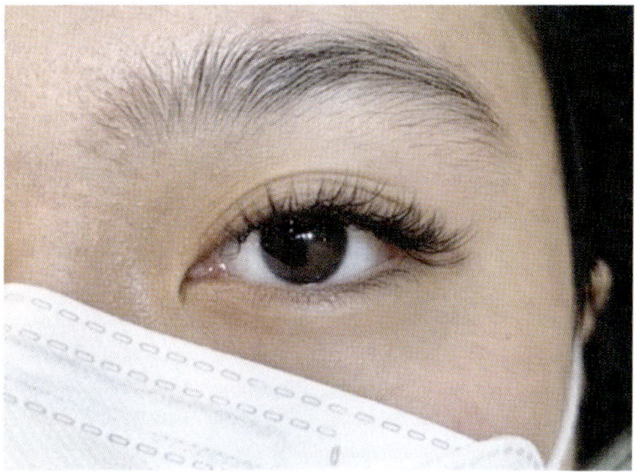

· 시술 전 ·

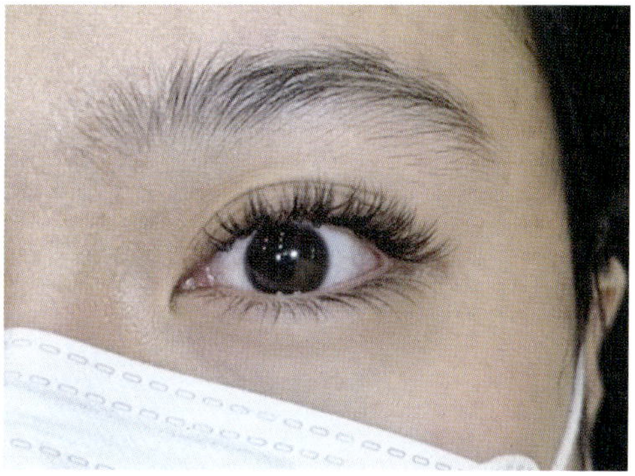

· 시술 후 ·

예시 2

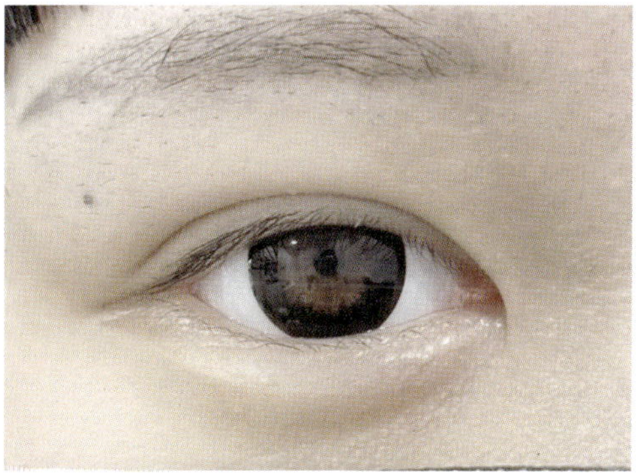

· 시술 전 ·

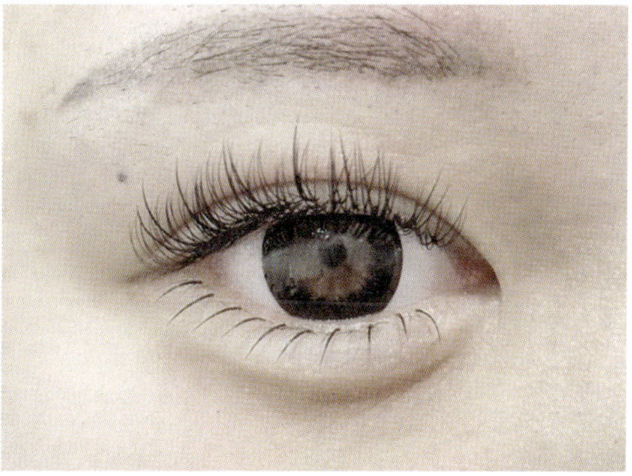

· 시술 후 ·

사용한 가속눈썹	특수모 0.04t, J컬 7mm

CHAPTER

8

속눈썹 펌

Eyelash Care

학습목표

속눈썹 펌의 시술 재료 사용방법과 시술법에 대해 알아보고 주의사항에 대해 학습한다.

1. 속눈썹 펌 / Permanent wave

1) 속눈썹 펌이란?

속눈썹 펌은 '퍼머넌트 웨이브(permanent wave)'라고 하며 볼륨 펌(Volume permanent)과 복구 펌(Restore permanent)이 있다. 자연 상태의 모발에 화학적 방법을 이용해 모발의 형태를 변화시키고 일정 기간 동안 지속되는 웨이브를 만드는 기법을 말한다.
속눈썹 연장 외에 속눈썹을 미용할 수 있는 다른 방식의 기술이며, 연장 없이 미용효과를 보고 싶어 하는 경우 또는 연장 시 자연 속눈썹이 자라난 방향이 모발마다 다르거나 연장될 가속눈썹의 컬과 많이 다른 경우 속눈썹 펌을 진행하고 시술하는 것이 좋다.

2) 모발의 모간부

모발은 크게 피부 안쪽에 있는 모근부와 피부 바깥으로 보이는 모간부로 나뉘는데, 모표피, 모피질, 모수질로 구성되어 있다.

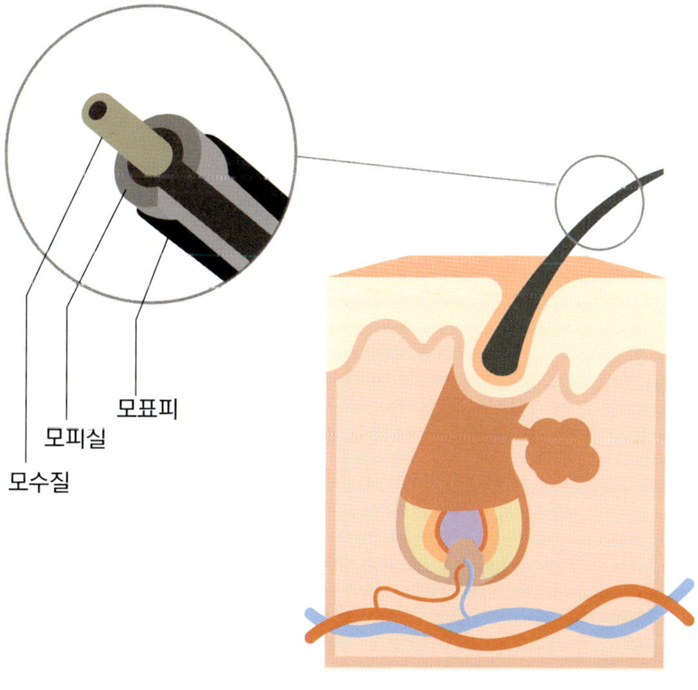

Tip!

눈의 형태 진단 | 퍼머넌트 웨이브

퍼머넌트 웨이브(Permanent wave)가 가능한 컨디션의 자연속눈썹이라고 판단되는 경우 시술 전 눈의 형태를 파악하고 진행한다.
눈은 정면과 측면 모두 확인하는데 정면에서는 전체적으로 완성될 실루엣을 디자인하고 속눈썹이 눈의 앞머리와 꼬리 부분이 주변의 주름과 살, 눈꺼풀에 얼마나 영향을 받는지 확인이 필요하며, 측면에서는 만들어질 컬의 각도와 정도를 추측하여 롯드를 선정해야 한다.

구성	효과	내용
모표피	모발의 윤기와 감촉	모표피의 가장 큰 역할은 모발 내부를 외부자극으로부터 보호하는 것이다. 모표피는 모발의 10~15%정도 차지하며 가장 바깥쪽에 위치하고 5~15층으로 투명한 물고기 비늘모양으로 겹쳐져 있다. 물리적 마찰에는 약하지만 모발 가장 최외측의 에피큐티클이 시스틴(cystine) 함량이 30% 이상으로 높고 약품에 대한 저항이 가장 강한층이다.
모피질	모발의 강도와 탄력	모피질은 모표피의 내측에 존재하며 모발 구성 대부분인 80~90%를 차지하고 있다. 피질세포는 소량의 멜라닌 색소를 함유하고, 섬유를 연결하는 시멘트 역할을 하는 간충물질과 세로 장축방향의 메크로피브릴로 구성되어 있다. 친수성이며 모발의 화학적 작용이 일어나는 곳이다.
모수질	모발의 중심부	모수질은 0.09mm 이상의 굵은 모발에 존재하며, 0.07mm 이하의 가는 모발에서는 거의 존재하지 않는다. 모수질은 모발의 중심부에 기둥 형태로 존재하며 공기가 들어있고, 공기가 많을수록 모발에 광택을 준다. 모발 전체에서 가장 적은 비율을 차지한다. 모수질이 많은 모발은 퍼머넌트 웨이브가 탄력있고 쉽게 형성되고, 모수질이 적은 모발은 퍼머넌트 웨이브 펌의 형성이 느리고 어렵다.

(1) 모발의 pH

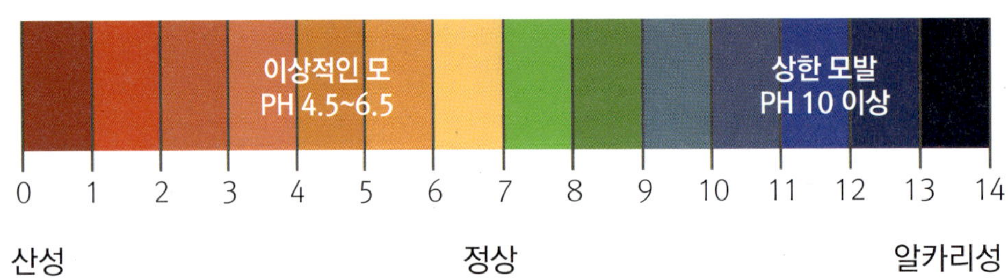

pH는 Potential of Hydrogen의 약자로 수소이온농도를 나타내는 지수이다.

물에 녹아 있는 알칼리와 산성의 농도를 측정한 것으로, 모발의 등전점은 pH 4.5~5.5 약산성이고, 물은 pH 7로 중성이다.

pH의 범위는 보통 0~14까지로 나타내며, pH가 7보다 크면 알칼리, pH가 7보다 작으면 산성의 범위이다.

모발의 단백질은 산성에서 강한 저항력과 수축성을 가지고 있어 산성이 증가하면 모표피가 수축, 단단해지면서 닫히게 된다. 반면 알칼리성이 증가하면 구조가 느슨해지고 연화되어 모표피가 열리고 부드러워져 화학제품들이 모피질에 쉽게 흡수되며, 이 성질 때문에 퍼머넌트제나 염색제가 작용할 수 있다.

3) 속눈썹 펌의 원리와 재료

(1) 속눈썹 펌의 원리

모발은 원래 상태를 유지하는 탄력성이 있으며 이 탄력성은 모발에 함유된 케라틴 성분의 특수한 분자구조에 의해 작용된다.

케라틴은 사슬 모양으로 결합한 물질로 이루어지는데, 이는 원래 상태로 돌아가려 하나 화학 작용(1제)으로 하여금 이 결합을 끊어내고 탄력성을 상실시켜 본래의 상태로 돌아가지 않도록 한다. 이후 의도한 대로 유지하기 위해 중화시키는 화학 반응(2제)을 일으켜 탄력있는 상태로 복원하는 원리이다.

(2) 주재료 / 펌제

펌제는 퍼머넌트 웨이브 시술시 사용되는 주재료로 일반 헤어에 사용하는 펌약과 동일하게 구성되며 1제(1액)인 환원제와 2제(2액)인 산화제가 있다.

① 1제 / 환원제, 알칼리제

모발의 내부 시스틴 결합을 절단하는 역할을 하며 치오글리콜산과 시스테인을 함유한 펌제로 분류된다.

알칼리제로서는 암모니아와 모노매탄올아민과 같은 성분이 모표피를 열어 모피질까지 환원제를 침투시키는 역할을 한다.

㉠ 환원세

- 치오글리콜산

• pH 2.5~3.5 강산성. 알칼리제와 중화하여 사용한다.
• 전 세계적으로 가장 많이 사용되는 환원제로, 건강모에 적합하며 환원력, 팽윤이 강하다.
• 알칼리와 혼합이 잘되고 모피질 내 침투속도가 빠르다.
• pH가 높을수록 환원력도 커지게 된다.
• 독성이 약하고 모발에 대한 환원력이 좋다.
• 모발에 유분이 있어도 잘 침투하고 잔류하지 않는다.

- 시스테인

• 사람의 모발이나 새의 깃털을 가수분해하여 추출한 뒤 수소를 첨가한 것이다.

• 손상모에 적합하며, 팽윤이 적고 환원력이 약하고, 웨이브 형성력이 약하다.

• 모발의 시스틴과 같은 종류의 아미노산을 사용하여 모발을 환원시킨다.

• 연모나 손상모의 펌 시술에 적당하며 물에 잘 녹지 않기 때문에 시술 후 모발에 잔존력이 높다.

- 시스테아민

• 식품의약품안전처에 화장품원료로 분류되어 있는 성분으로 입자가 작아 모발내부에 침투가 쉽고, 건강모부터 손상모발까지 모두 사용 가능하며 웨이브 연출이 탁월하다.

• 시스테아민은 변질되기 쉬워 염산염을 첨가하여 시스테아민 HCL의 형태로 주로 사용하는데, 시스테아민의 염기성이 모발의 등전점에 영향을 미쳐 모발에 잔류하여 반복해서 시술할 경우 모발 내부의 단백질 결합을 망가뜨려 모발이 딱딱하게 경화되는 단점이 있다.

ⓛ 알카리제

- 모노 에탄올아민

• 펌제에 가장 많이 사용하는 대표적인 알칼리이며 자극적인 냄새가 적다.

• 건강한 모발용 펌제에 주로 사용되며, 소량의 첨가로 높은 pH를 얻을 수 있고, 비휘발성이다.

• 알칼리가 모발 내 잔류되기 쉬우므로 사용 후 반드시 깨끗한 세척이 필요하다.

• 작용시간이 길어 오버타임에 의한 손상에 주의해야 한다.

- 암모니아

• 소량 첨가로 높은 pH를 얻을 수 있고 휘발성이 높은 것이 특징이다.

• 시술중 암모니아가 휘발되어 펌제의 pH가 낮아지므로 오바타임이 적다.

• 모발이나 피부에 알칼리가 잔류하지 않아 알칼리에 의한 손상이 적다.

• 자극적인 냄새가 최대 단점이다.

② 2제 / 산화제

절단된 모발 내부의 시스틴 결합을 재결합시켜 주는 역할을 하며 브롬산나트륨, 과산화수소 등이 있다.

- 브롬산나트륨

- 모발상태에 따라 방치시간 10~15분
- 산성범위에서 안전한 상태를 유지하기 어려우므로 pH 5.0~7.5 중성에 가깝다.
- 알칼리보다 산성에 가까운 상태에서 산소를 왕성하게 발생하며, 과산화수소와 달리 강한 산화력을 가지고 있지 않기 때문에 충분한 방치시간을 가질 필요가 있다.
- 시술 후 나트륨이 모발에 잔류하기 쉬워 모발을 건조하고 푸석하게 만들므로 충분한 세척이 필요하다.

- 과산화수소

- 모발상태에 따라 방치시간 5-7분
- pH 2.5~4.5 산성 범위
- 수소와 산소의 화합물. 알칼리와 결합 시 산소를 왕성하게 발생한다.
- 중간 세척없이 바로 중화하는 것이 효과 극대화시키고 중간 세척 후 사용 시 며칠 후 컬 늘어짐이나 풀리는 현상이 있을 수 있다.
- 반응 후에는 물로 변하며 볼륨감과 질감을 표현하기 쉽고 찰랑거림과 윤기있는 머릿결로 연출하기 쉽다.

③ 펌제 결합의 종류

모발의 피질은 수백만 개의 폴리팹타이트 사슬로 구성되어 있으며, 이들은 총 세 가지 유형이 있으며, 각각 팹타이트 결합, 시스틴 결합, 수소 결합, 이온 결합이 있다. 결합들은 모발의 형태에 변형을 통하여 모발을 유연하게 하고 자연 속눈썹에 컬을 만들 수 있다.

펩타이드 결합	모발의 결합 중 가장 강한 결합으로 아미노산과 아미노산의 결합으로 이루어진다. 주로 모발에서 세로로 결합되어 있어 세로 결합이라고도 하며, 가장 강한 결합이라 주쇄 결합이라고도 한다.
시스틴 결합	이황화 결합이라고도 한다. (황과 황(S)의 결합) 모발을 구성하는 18종의 아미노산 중 하나인 시스틴에 황이 존재하며, 이 시스틴을 이용하는 결합이다. 환원제에 의해 결합이 절단되며, 수소와 결합하여 시스테인이 되고, 산화제에 의해 다시 결합된다.
이온 결합	모발의 등전점 pH 4.5~5.5를 벗어나면 결합이 끊어지고(알칼리), 다시 약산성인 원래의 모발상태로 오면 재결합된다. 양이온과 음이온이 서로 가까워지면 상반된 전하 때문에 서로 끌어당기게 된다. 반대 전하를 띤 이온들 사이에 작용하는 인력으로 인해 안정된 이온 집단이 형성된다. 이러한 인력을 이온 결합이라고 한다.
수소 결합	물을 이용한 결합이다. 모발은 물에 젖으면 수소 결합이 끊어지고, 건조하면 다시 재결합한다. 이러한 결합을 수소 결합이라고 한다. 수소 결합을 이루어진 물 분자들은 서로 분리되지 않으며, 분리시키려면 많은 양의 에너지를 사용해야 한다.

(3) 주재료 / 로드

로드는 주로 실리콘 재질로 되어있으며, 다양한 컬의 유형이 있다. 가장 보편적으로 C컬, U컬, L컬을 가장 많이 사용하며, 크게 둥근컬(C, U컬)과 바짝컬(L컬)로 구분할 수 있다. 그러나, 같은 컬이라도 제조되는 회사마다 컬의 각도가 다르고 눈매 부착 여부가 다르기 때문에 시술자의 편리성과 고객 눈매에 맞는 로드를 선택하기 위해서 여러 가지 제품을 사용해보는 것이 좋다.

C Rod

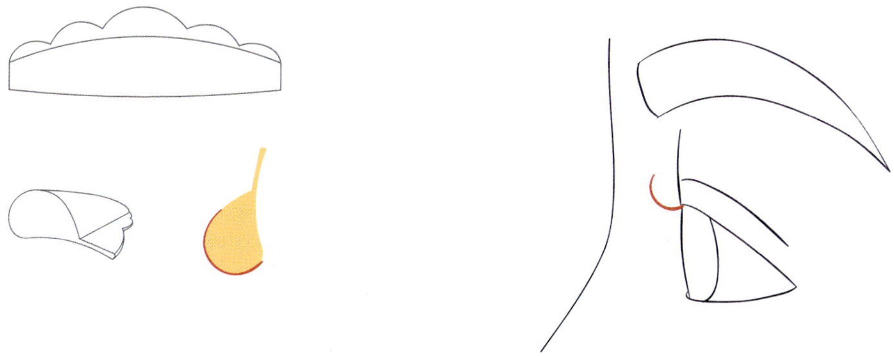

· 퍼머넌트 웨이브 C 로드 이미지 ·

U Rod

· 퍼머넌트 웨이브 U 로드 이미지 ·

L Rod

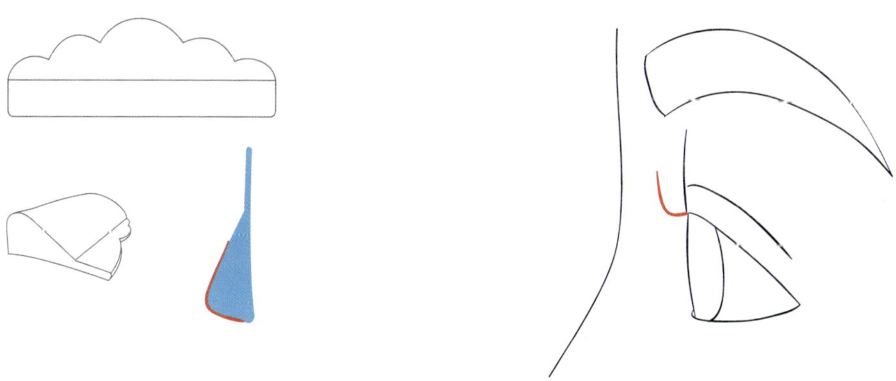

· 퍼머넌트 웨이브 L 로드 이미지 ·

4) 모델 시술 사진 예시

C컬로드 시술

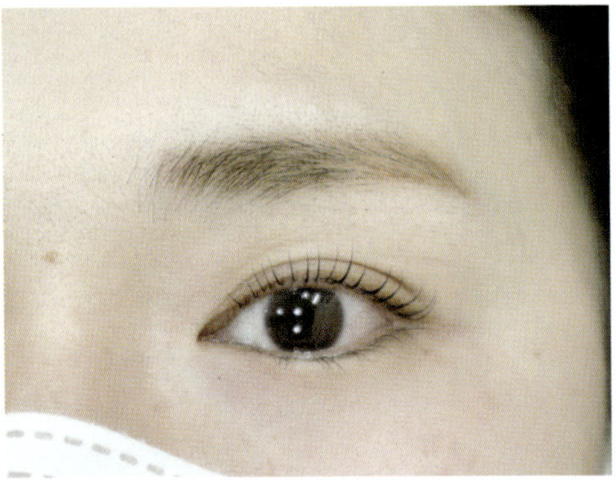

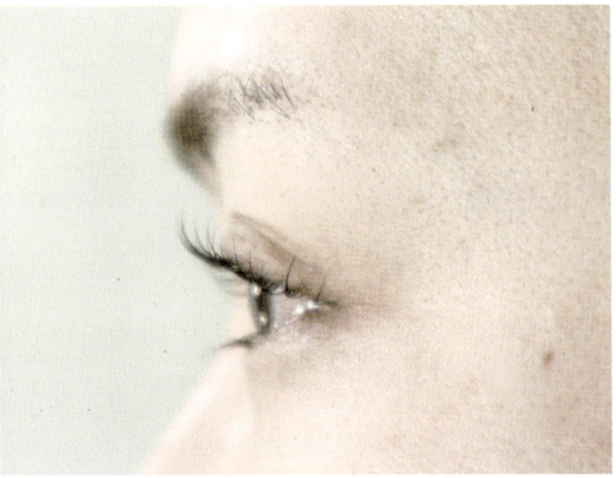

U컬로드 시술

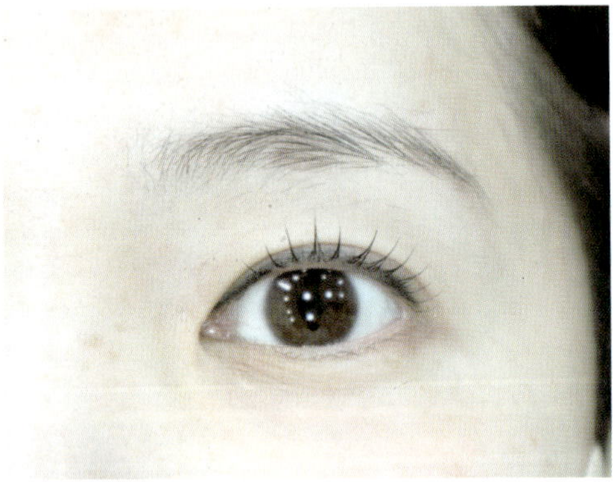

L컬로드 시술

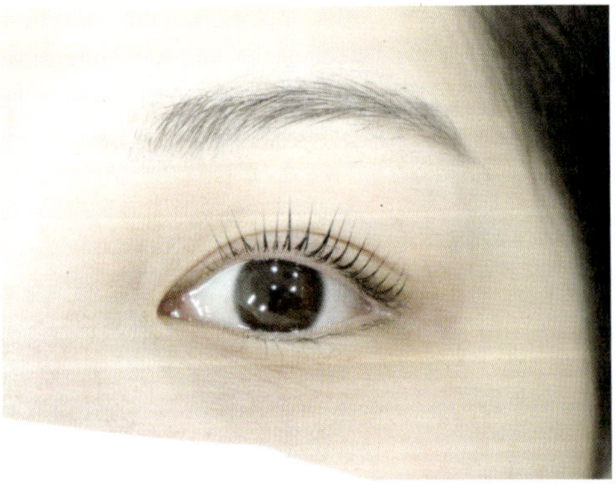

☑ 눈매 유형별 롯드 사용법

돌출형

눈썹보다 안구와 눈두덩의 위치가 돌출되어 튀어나와 있는 형태이다.
눈두덩의 길이가 짧고 속눈썹이 뿌리까지 다 보이는 경우가 많아 바짝컬보다는 부드러운 둥근 컬이 잘 어울리며, C, U, L컬 모두 가능한 눈매이다.

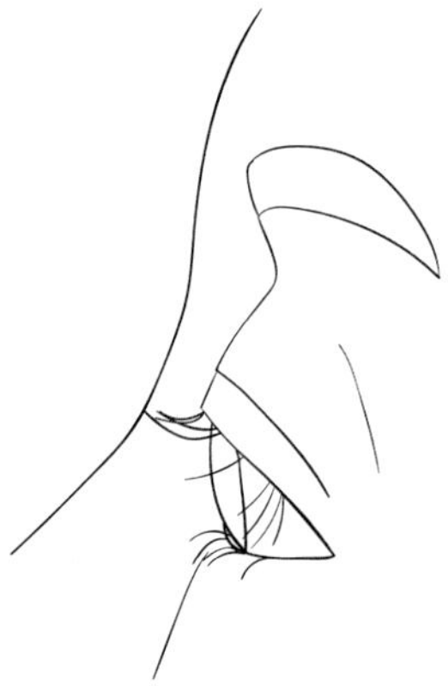

함몰형

이마와 눈썹이 돌출되어 있고, 그에 반해 눈과 눈두덩의 위치가 안으로 들어가 있는 형태로 C컬이나 하단부 두께가 얇은 L컬 롯드 사용 시 눈두덩에 속눈썹이 닿아 꺾일 수 있으므로 주의해야 한다.
부드럽고 낮은 컬링의 U컬이 잘 어울린다.

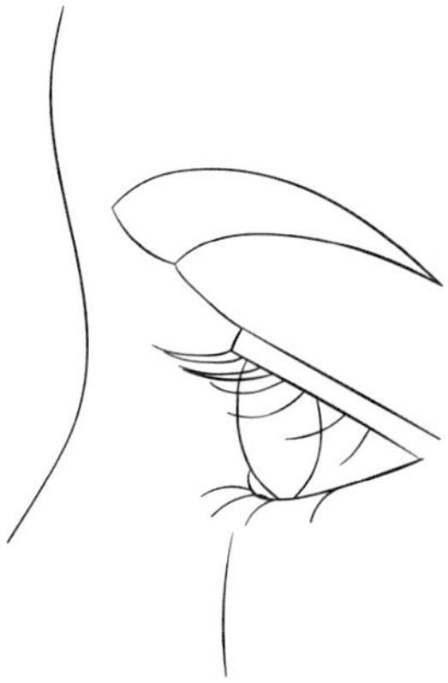

일자형

L컬이 잘 어울리는 눈매로 눈썹과 눈두덩의 높이가 비슷하게 일자 형태이다. 눈 뜨는 근육 힘과 눈두덩 두께에 따라 C컬 시술 시 속눈썹이 눈두덩에 닿거나 눌릴 수 있다.
눈두덩 두께에 따라 롯드 하단부의 두께를 적절히 선택하는 것이 중요하다.

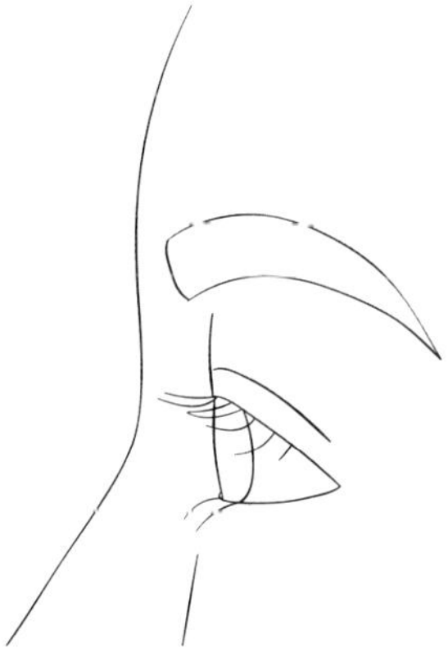

5) 재료와 도구

• **구성 :** 펌제, 로드, 속눈썹 펌 접착제, 펌 브러시, 전처리제, 펌지, 아이패치, 테이프, 핀셋, 마이크로 브러시, 정제수, 랩, 소독제, 젖은솜, 타이머, 에센스 등

☑ tip

아래의 재료들은 속눈썹 펌 시술시 필요한 가장 최소한의 재료들이며 관리사의 시술 방향성에 따라 필요한 재료들은 추가적으로 구비하여 사용한다.
시술 전 속눈썹 샴푸를 사용하면 이물질 제거와 유수분 제거에 도움이 되며, 시술 효과를 극대화시킬 수 있다.

---

(1) 펌제 – 1제, 2제

속눈썹 펌을 할 때 원하는 모양을 만들기 위해 바르는 약품이다.

· 퍼머넌트 웨이브 1제, 2제 ·

(2) 로드(Rod)

컬을 만들기 위해 속눈썹을 마는 도구이다.

· 로드 ·

(3) 속눈썹 펌 접착제

롯드에 속눈썹을 고정하기 위해 사용하는 접착제이다.

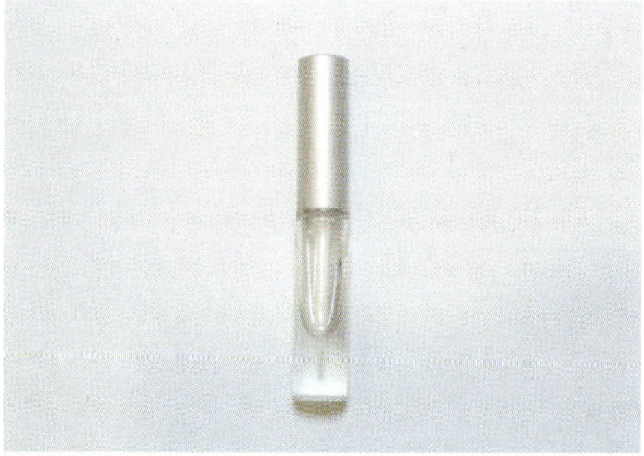

· 접작세 ·

(4) 펌 브러시

펌제를 바르거나 속눈썹의 결(방향)을 정리할 때 사용하는 도구이다.

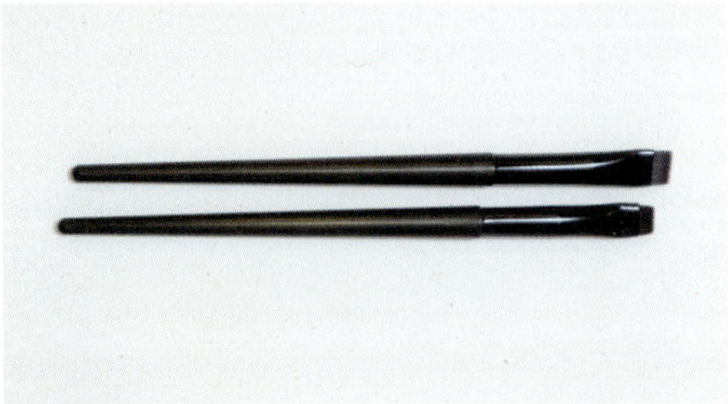

· 펌 브러시 ·

(5) 전처리제

속눈썹 펌 시술 전 이물질과 유수분을 제거하기 위해 사용하는 재료이다.

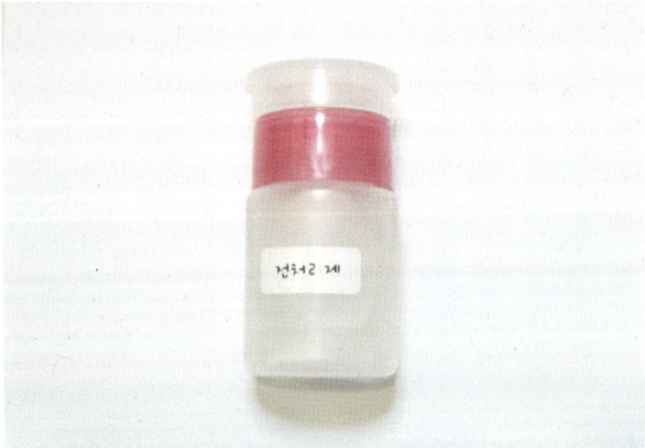

· 전처리제 ·

(6) 펌지

펌제 도포 후 떠 있는 자연 속눈썹을 눌러 주기 위해 사용한다.

· 펌지 ·

(7) 핀셋

로드를 집거나 엉켜있는 속눈썹을 풀거나 젖은솜 집을 때 사용한다.

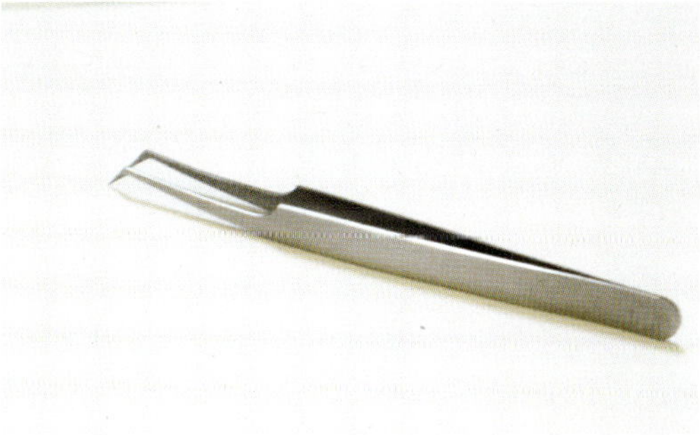

· 핀셋 ·

(8) 아이패치와 테이프

- **아이패치 :** 펌제가 시술 부위 외에 묻지 않도록 한다.
- **테이프 :** 시술 시 속눈썹을 모근 부분까지 확보하기 위해 눈꺼풀을 당기는 용도로 사용한다.

· 테이프 ·

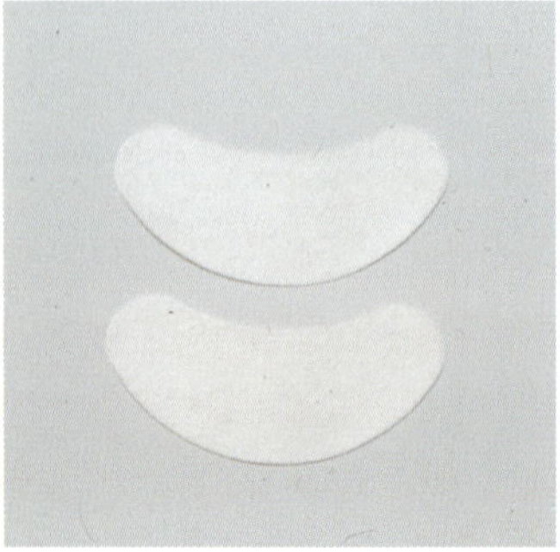

· 아이패치 ·

(9) 랩

펌제를 바르고 휴지시킬 때 바른 부위를 덮기 위해 사용한다.
필요시 랩 커터기를 사용하는 것이 효율적이다.

· 랩 ·

(10) 브러시

속눈썹에 펌제를 도포 시 사용하며 마이크로 브러시 또는 립 브러시 등 선택적으로 사용한다.
시술 전후로 자연 속눈썹을 정리할 때는 스크류 브러시를 사용한다.

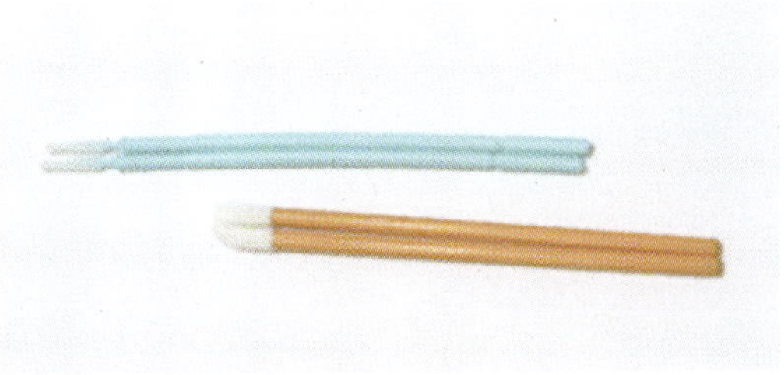

· 위 : 마이크로 브러시 / 아래 : 립 브러시 ·

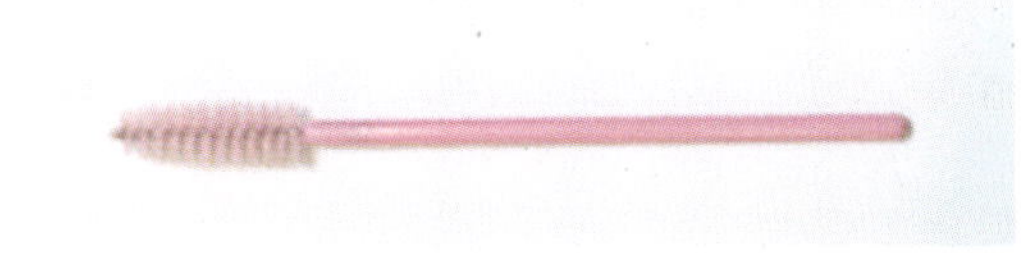

· 스크류 브러시 ·

(11) 정제수

솜을 적시거나 도구를 세척하는 용도로 사용한다.

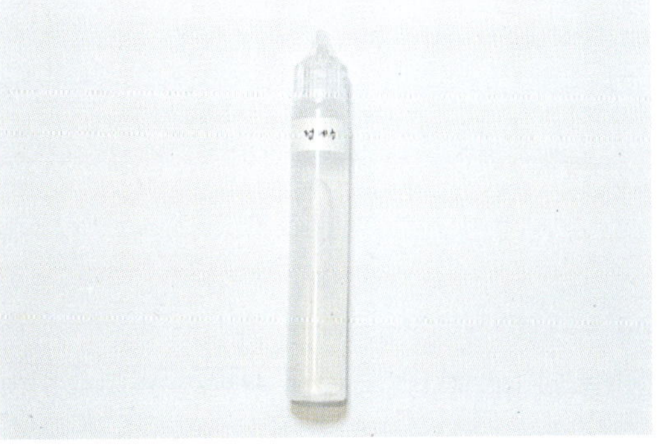

· 정제수 ·

(12) 젖은솜

펌제를 잔여물 없이 닦아낼 때 사용한다.

· 젖은솜 ·

(13) 소독제

시술 전 위생을 위하여 손과 도구를 소독하기 위해 사용한다.

· 소독제 ·

(14) 타이머

펌제 도포 후 휴지 시간을 정확하게 맞추기 위해 사용한다.

· 타이머 ·

(15) 에센스

속눈썹 펌 시술 완료 후 자연 속눈썹이 상하지 않도록 영양 에센스를 바른다.

· 에센스 ·

2. 볼륨 펌 / Volume permanent

자연 속눈썹에 볼륨감을 형성하기 위한 시술로 다양한 로드(Rod)를 사용하여 속눈썹에 미용 효과를 줄 수 있다. 속눈썹 미용을 희망하나, 이물감을 쉽게 느끼거나 무게감에 적응이 어려운 사람들에게 적합하여 그외에도 연장시술 전이나 교정을 위해서 진행하기도 한다.

볼륨 펌은 연화하는 방식이 두 가지가 있으며 전체적인 진행 방법은 동일하나 로드(Rod)를 붙이기 전과 후로 연화하는 타이밍을 다르게 잡는다.

Tip!

상담 → 속눈썹진단 → 디자인선정 → 주의사항 안내 → 시술진행 → 관리법 시술주기 안내

1) 재료

펌제, 로드, 아이패치, 랩, 전처리제, 속눈썹 펌 접착제, 펌지, 핀셋, 마이크로 브러쉬, 펌제 브러쉬, 테이프, 젖은솜, 랩, 타이머, 정제수, 에센스 등

Tip!

펌제 사용시간

펌제의 사용시간은 제조사에 따라 차이가 있어 제품에 안내되어있는 시간에 따르나, 시술할 자연속눈썹의 컨디션에 따라서도 조율이 필요하다.

중간모(보통 굵기의 모발)

펌제	시간
1제(1액)	12~13분
2제(2액)	10~15분

굵은모(건강한 모발)

펌제	시간
1제(1액)	13~15분
2제(2액)	10~15분

얇은모(얇고 숱이 없는 모발)

펌제	시간
1제(1액)	9~11분
2제(2액)	10~15분

생에 첫 시술자 또는 시술 후 2~3개월 이상 경과자는 굵은 모의 시술시간을 참고한다.
잦은 펌 시술로 속눈썹이 상한 모발은 얇은 모의 시술시간을 참고하나 컨디션이 나쁜 경우 시간을 더 줄여 진행하거나 시술진행이 어렵다.

2) 시술방법

(1) STEP 1 이물질 제거

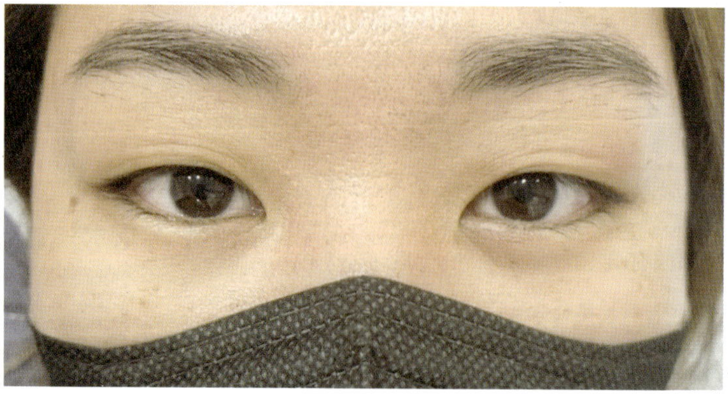

전처리제를 이용하여 속눈썹 이물질, 유분, 수분 등을 제거한다.

(2) STEP 2 아이패치 붙이기

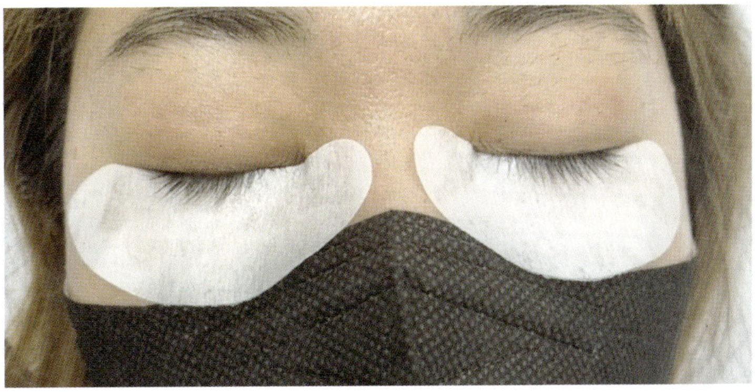

아이패치를 부착하여 아래 속눈썹과 윗 속눈썹을 분리하고 부족한 부분은 시술용 테이프로 테이핑한다.

(3) STEP 3 테이핑 / 로드(Rod) / 펌 접착제 사용

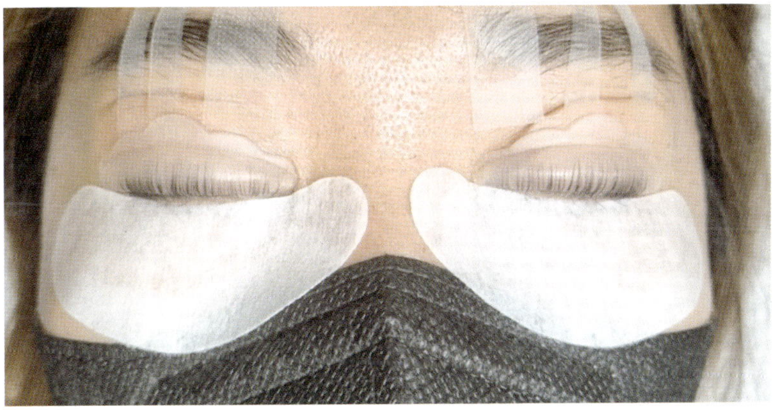

사용할 로드가 피시술사(고객)의 눈에 맞는지 확인하기 위해 눈두덩이에 밀착시켜 사이즈를 정확히 정한다.

로드(Rod)에 붙일 속눈썹을 모두 확보하기 위해 눈꺼풀에서 이마 방향으로 테이핑하여 눈꺼풀을 들어준다.

속눈썹의 윗단이 로드에 눌리지 않도록 뿌리 부분을 확인하여 밀착시킨다.

로드(Rod)가 눈의 굴곡에 따라 뜨는 부분이 있는 경우 속눈썹 펌 접착제로 뜨는 부분을 피부에 직접적으로 붙여야 한다.

펌 접착제를 사용하여 속눈썹을 로드에 붙이는데 핀셋이나 펌 스틱, 면봉 등 편의성에 맞는 도구를 사용하여 최대한 고정시킨다(펌 접착제 사용 시 펌제가 모발을 연화하는데 방해가 되지 않도록 소량만 사용한다).

(4) STEP 4 연화 / 속눈썹 펌 1제 사용

① A | 로드 접착 후 연화 진행

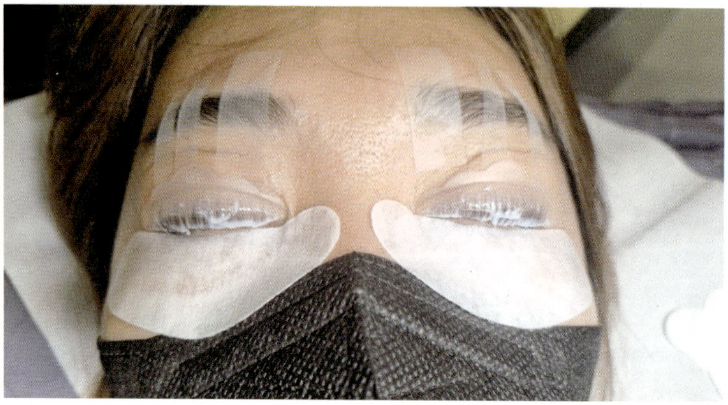

1제(1액)를 마이크로 브러시 또는 립 브러시에 조금씩 묻혀 바른다.
고정된 속눈썹에 도포하는데 자연 속눈썹의 뿌리 부분에 충분한 양을 바르고, 손상되기 쉬운 모끝은 양을 줄여 바른다.
펌제가 점막과 눈에 들어가지 않도록 주의해야 하며 눈에 들어갈 경우 도포한 펌제를 닦고 식염수로 눈을 깨끗하게 세척한다.

② B | 로드 접착 전 연화 진행

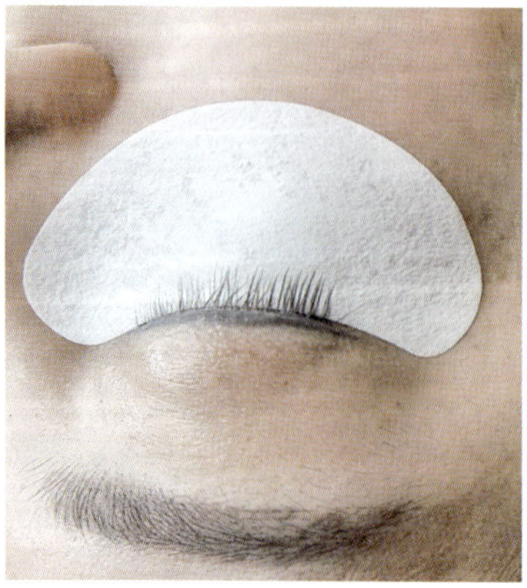

로드(Rod)와 테이프를 붙이지 않은 상태에서 눈을 감은 상태로 아이패치에 자연 속눈썹을 붙이듯 1제(1액)을 골고루 도포하여 고정한다.
도포 후 랩으로 공기를 차단하고 연화 시간 동안 방치시킨다.
시간 경과 후 랩을 제거하고 1액을 닦아내는데 비비지 않고 위에서 아래로 쓸어내듯 깨끗하게 닦아내야 하며, 아이패치는 떼어내고 새로 붙여준다.
테이핑과 로드(Rod)를 눈두덩이에 붙이고 2제(2액) 도포 준비를 마친다.

(5) STEP 5 랩핑

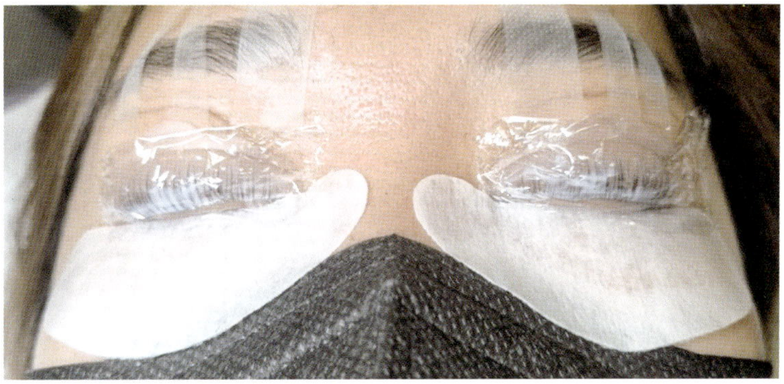

1제(1액) 도포 후 랩, 펌지 등을 이용하여 공기를 차단한다.
사용하는 펌제의 연화 시간과 속눈썹의 굵기와 모발의 컨디션에 따라 약 10~15분을 측정하여 타이머 세팅 후 방치한다.

(6) STEP 6 1제(1액) 닦아내기

적정 시간 경과 후 연화가 잘 되었는지 확인하고 젖은 솜으로 닦아낸다.
펌제를 닦아낼 때는 비비거나 문지르지 않고 고정해둔 속눈썹의 결이 흐트러지지 않도록 아래에서 위로 깨끗하게 닦아낸다.
펌제를 닦아내고 브러시로 결을 다시 정리하여 2제(2액) 도포 준비를 마친다.

(7) STEP 7 2제(2액) 도포

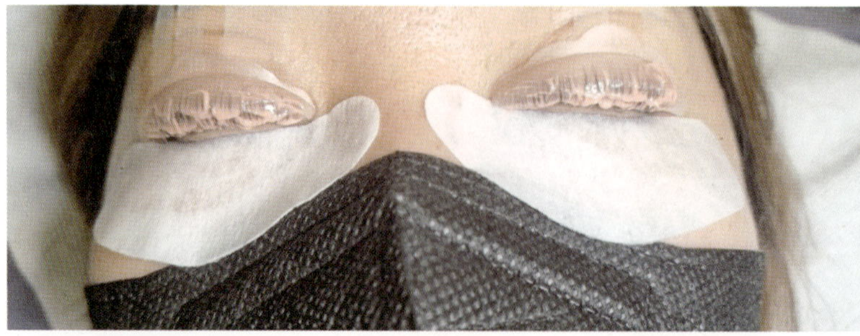

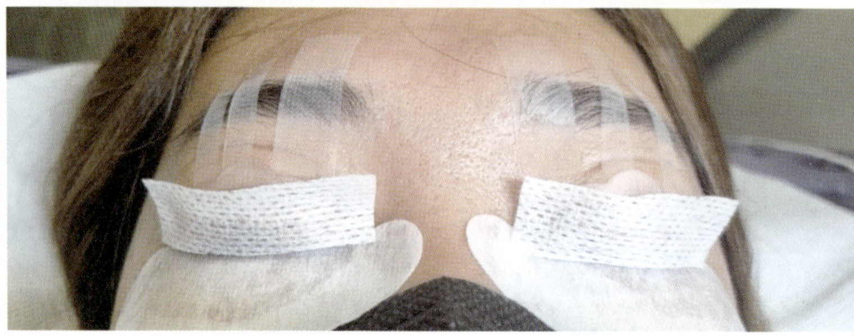

마이크로 브러시 또는 립 브러시로 2제(2액)를 도포한다.
잔모가 뜨는 경우 속눈썹의 뿌리 부분에 펌지를 고정한 후 적정 시간 방치한다.

(8) STEP 8 2제(2액) 닦아내기

2제(2액)를 젖은솜으로 닦아낸 후, 고정한 로드(Rod)와 테이프를 제거한다.
펌제가 남아있는 경우 속눈썹에 백화현상이 생기거나 상할 수 있으므로 잔여물이 남지 않도록 깨끗하게 닦는다.
펌제를 모두 닦아낸 뒤 완전 건조를 위해 방치하거나 송풍기 또는 부채를 활용한다.

(9) STEP 9 시술 후 케어 / 선택사항

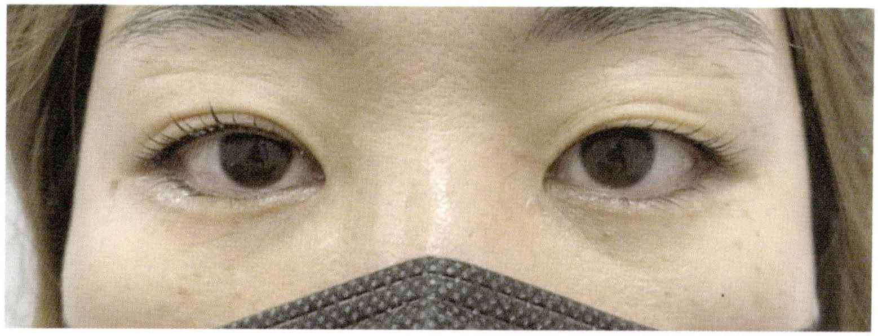

펌 시술로 무리한 속눈썹에 영양제(에센스 또는 세럼)를 바르고 자연 속눈썹을 코팅시키면 모발이 기준 이상으로 상하는 상태를 방지할 수 있다.

(10) 시술 전후 사진비교

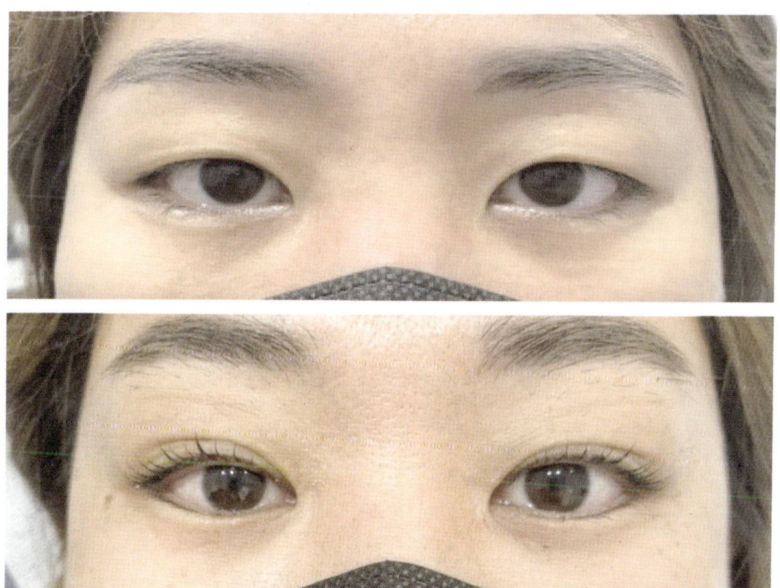

· 퍼머넌트 웨이브 정면 시술 전후 ·

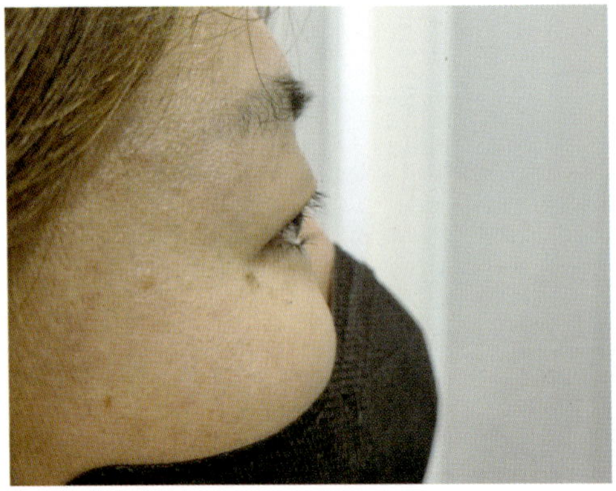

· 퍼머넌트 웨이브 측면 시술 전 ·

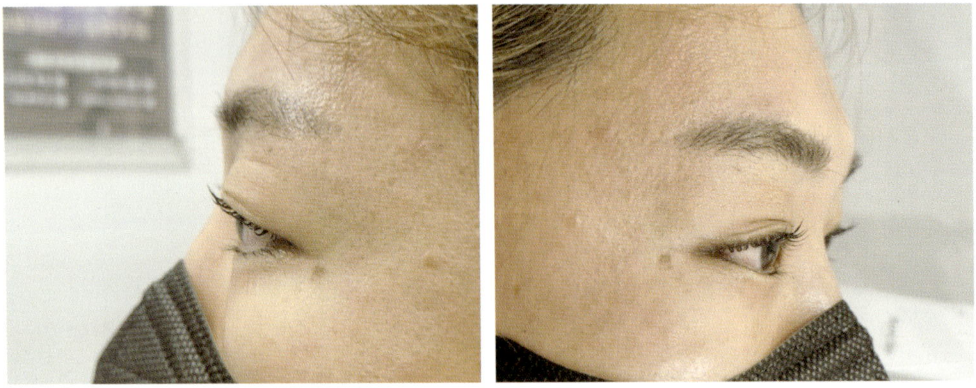

· 퍼머넌트 웨이브 측면 시술 후 ·

3. 스트레이트 펌 | Straight permanent

스트레이트 펌(Straight permanent)은 복구 펌(Restore permanent), 복원 펌으로도 불리며 속눈썹 컬링이 만족스럽지 않은 경우 또는 속눈썹 연장 시 가속눈썹의 컬과 맞추기 위해 사용한다.

펌 시술이 만족스럽지 못해 스트레이트 펌을 진행하는 경우 먼저 시술한 속눈썹 펌이 2주 이상 경과한 후에 시술 진행이 가능하며 볼륨 펌과는 시술 시간이 다르나, 속눈썹이 말려서 자라는 등 특수한 상황의 경우에는 동일한 시술 시간으로 진행한다.

1) 재료

펌제, 아이패치, 랩, 전처리제, 펌지, 핀셋, 마이크로 브러쉬, 펌제 브러쉬, 테이프, 젖은솜, 랩, 타이머, 정제수, 에센스 등

2) 시술방법

스트레이트 펌(Straight permanent)의 시술 방법은 볼륨 펌과 시술방법이 일부 동일하나 로드를 사용하지 않는다는 점에서는 다르다.

STEP 1. 이물질 제거

STEP 2. 아이패치 붙이기

STEP 3. 연화 / 1제(1액) 도포

눈을 감은 상태에서 1제(1액)를 마이크로 브러시나 립 브러시로 아이패치에 자연 속눈썹을 붙이듯 바른다.

펌제가 도포된 자연 속눈썹을 아래 방향으로 정리하여 공기를 차단할 랩을 씌운다.

STEP 4. 랩핑

STEP 5. 1제(1액) 닦아내기

STEP 6. 중화 / 2제(2액) 도포

1제(1액)와 마찬가지로 펌제를 아이패치에 붙이듯 도포하고 휴시지킨다.

STEP 7. 2제(2액) 닦아내기

STEP 8. 시술 후 케어 / 선택 사항

4. 속눈썹 펌 시술 전후 주의사항

1) 관리사 주의사항

(1) 시술 전

① 시술 전 피시술자(고객)의 자연 속눈썹 컨디션을 파악하고 시술 진행이 가능한지 확인한다.
② 고객의 자연 속눈썹 모발에 따라 연화, 중화 시간을 판단하여 숙지한다.
③ 시술 전 피시술자(고객)와의 상담 진행 후 희망사항을 반영한 디자인을 추측하여 사용할 로드 (Rod)와 재료를 준비한다.
④ 시술 전 피시술사(고객)에게 필수로 안내해야 할 사항을 상세히 전달한다.
⑤ 재료와 도구준비를 마치고 시술 시 사용할 도구와 손을 깨끗하게 소독한다.

(2) 시술 중

① 아이패치, 테이핑 등 피시술자(고객)가 자극을 느끼는 상황은 관리사가 하는 행동에 대해 전달하는 것이 좋다.
② 펌제 도포, 닦아내기 등 주의가 필요한 상황에서는 주의를 기울인다.
③ 펌제 도포 후 측정한 연화, 중화 시간을 엄수한다.
④ 펌제와 펌 접착제 등의 잔여물이 남지 않도록 한다.
⑤ 눈에 펌제가 들어간 경우 당황하지 않고 젖은솜으로 펌제를 닦아낸 뒤 식염수와 정제수로 눈을 깨끗하게 세척한다.

(3) 시술 후

① 시술 후 피시술자(고객)의 상태와 눈의 컨디션에 대해 확인한다.
② 시술 주기, 시술 후 관리법과 주의사항을 피시술자(고객)에게 안내한다.
③ 로드(Rod), 핀셋, 펌제 등 다회용품 세척과 소독을 진행한다.
④ 펌제가 묻었거나 사용한 일회용품은 다른 곳에 오염이 생기지 않도록 바로 버린다.

2) 고객 안내사항

(1) 시술 전 피시술자(고객)에게 전달할 안내사항

① 상담 후 자연 속눈썹의 상태와 컨디션에 대해 전달한다.
② 시술할 디자인과 완성될 모습에 대해 안내한다.
③ 시술 시 펌제 도포 후 연화, 중화할 시간, 시술 진행 시간에 대해 안내한다.
④ 고객이 렌즈 착용 중일 경우, 펌 시술 전 렌즈를 빼고 시술할 수 있도록 안내한다.

(2) 시술 후 피시술자(고객)에게 전달할 안내사항

① 끊어짐 방지를 위해 눈을 세게 비비거나 뷰러 사용을 피하라고 안내한다.
② 아이 메이크업 후 클랜징 시 세안에 유의해야 함을 전한다.
③ 시술 직후 찜질방, 사우나 등을 피한다.
④ 시술 주기에 대해서 안내한다.

MEMO

MEMO